Walid Ouled Amor
Moez Ghariani

Les fermes éoliennes: Développements et défis énergitique

Walid Ouled Amor
Moez Ghariani

Les fermes éoliennes: Développements et défis énergitique

Supervision d'une ferme éolienne à base de MADA pour son intégration dans la gestion d'un réseau électrique

Presses Académiques Francophones

Imprint
Any brand names and product names mentioned in this book are subject to trademark, brand or patent protection and are trademarks or registered trademarks of their respective holders. The use of brand names, product names, common names, trade names, product descriptions etc. even without a particular marking in this work is in no way to be construed to mean that such names may be regarded as unrestricted in respect of trademark and brand protection legislation and could thus be used by anyone.

Cover image: www.ingimage.com

Publisher:
Presses Académiques Francophones
is a trademark of
International Book Market Service Ltd., member of OmniScriptum Publishing Group
17 Meldrum Street, Beau Bassin 71504, Mauritius

Printed at: see last page
ISBN: 978-3-8416-3740-6

Zugl. / Agréé par: Sfax, Ecole National des Ingénieurs de Sfax, 2016

Copyright © Walid Ouled Amor, Moez Ghariani
Copyright © 2015 International Book Market Service Ltd., member of OmniScriptum Publishing Group
All rights reserved. Beau Bassin 2015

Table des matières

Table des figures   4

Liste des tableaux   8

Introduction générale   8

1 Etat de l'art sur les systèmes de conversion d'énergie électrique   12
    1.1 Introduction 12
    1.2 Structures de système de conversion d'énergie électrique 13
        1.2.1 Avantages de l'énergie éolienne 13
        1.2.2 Inconvénients de l'énergie éolienne 13
        1.2.3 Différents types d'aérogénérateurs 14
        1.2.4 Différentes structures utilisées dans la conversion de l'énergie éolienne 16
    1.3 Différents types des systèmes de conversion d'énergie éolienne 27
        1.3.1 Eolienne connectée au réseau électrique 27
        1.3.2 Eolienne dans un site isolé 28
        1.3.3 Configuration de la chaine a étudié 28
    1.4 Conclusion 29

2 Modélisation d'une chaine de conversion éolienne à vitesse variable à base d'une MADA   32
    2.1 Introduction 32
    2.2 Description du système étudié 32
    2.3 Modélisation du système de conversion d'énergie éolienne 33
        2.3.1 Modélisation du vent 33
        2.3.2 Modélisation de la turbine 34
        2.3.3 Stratégie de commande par MPPT 35
        2.3.4 Système d'orientation des pales 37
        2.3.5 Modélisation de la machine asynchrone à double alimentation 38
        2.3.6 Modélisation de la commande vectorielle de la machine asynchrone à double alimentation 39
        2.3.7 Modélisation de bus continu 42
        2.3.8 Modélisation des convertisseurs de puissance 42
    2.4 Synthèse des commandes pour une chaine éolienne 46
        2.4.1 Contexte de travail 46
        2.4.2 Synthèse de la commande classique : régulateur PI 46

  2.4.3 Synthèse de la commande non linéaire : commande par mode glissant 47
2.5 Résultats de simulation et analyse de performance 57
2.6 Conclusion 61

3 Supervision d'une ferme éolienne pour son intégration dans la gestion du réseau électrique 66
3.1 Introduction 66
3.2 Réglementation technique pour l'intégration d'une ferme éolienne au réseau électrique 67
  3.2.1 Contrôle absolu de la puissance active 67
  3.2.2 Allocation d'une puissance de réserve 67
  3.2.3 Contrôle du gradient de puissance 68
  3.2.4 Contrôle de l'équilibre en puissance 69
  3.2.5 Contrôle de la puissance pour la protection du système 69
  3.2.6 Contrôle de fréquence 70
  3.2.7 Contrôle de puissance réactive 71
  3.2.8 Contrôle de la tension à travers le contrôle de la puissance réactive 72
  3.2.9 Maintien de la production lors des défaillances du réseau . . . 73
3.3 Modélisation de la commande découplée des puissances active et Réactive 74
  3.3.1 Stratégie de contrôle du convertisseur coté MADA 74
  3.3.2 Stratégie de contrôle coté réseau 75
3.4 Supervision des puissances active et réactive de la ferme éolienne connectées au réseau électrique 77
  3.4.1 Configuration du système étudié 77
  3.4.2 Unité de supervision centrale de la ferme 78
  3.4.3 Unité de supervision locale de l'éolienne 79
3.5 Analyse des échanges de puissance 80
  3.5.1 Présentation 80
  3.5.2 Limitation de puissance réactive par la limitation du courant statorique 80
  3.5.3 Limitation de puissance réactive par la limitation du courant rotorique 81
  3.5.4 Limitation de puissance réactive par la limitation de la tension rotorique 82
  3.5.5 Limitation de la puissance réactive par la contrainte de la stabilité en régime permanent 84
3.6 Algorithme de supervision d'une ferme éolienne basé sur la distribution proportionnelle des références de puissance 86
  3.6.1 Introduction 86
  3.6.2 Algorithme de supervision basé sur la distribution proportionnelle des références de puissance 86
  3.6.3 Différents mode de fonctionnement du réseau électrique 88
  3.6.4 Description du Platform 90

    3.7 Résultats de simulation défaut 91
    3.8 Approche technico-économique d'un parc éolien connecté au réseau électrique dans la région de Sfax 93
        3.8.1 Introduction 93
        3.8.2 Présentation du logiciel Homer pro 94
        3.8.3 Paramètre du site étudié 95
        3.8.4 Configuration du système étudié 97
        3.8.5 Approche technico-économique d'une ferme éolienne connectée au réseau électrique dans la région de Sfax sous l'environnement de Homer pro 98

4 Etude de stabilité d'une ferme éolienne connectée au réseau électrique 109
    4.1 Introduction 109
    4.2 Initiation sur le système de puissance 110
        4.2.1 Les différents types de stabilité 111
        4.2.2 Modélisation du réseau électrique 112
        4.2.3 Etude de la stabilité angulaire aux petites perturbations . . . 119
    4.3 Etude de stabilité d'un réseau électrique 126
        4.3.1 Importance des systèmes de régulation pour les réseaux électrique 126
        4.3.2 Présentation du logiciel PSAT 127
        4.3.3 Description du réseau électrique à étudier 127
        4.3.4 Etude de stabilité du réseau électrique lors de l'intégration d'un parc éolien 131
    4.4 Conclusion 142

Conclusion générale 146

Table des figures

1.1 Principe de l'énergie éolienne 12
1.2 Eoliennes à axe verticale 15
1.3 Eoliennes à axe horizontal 16
1.4 Chaine éolienne à base de la machine asynchrone 17
1.5 Chaine éolienne à base de la MADS 18
1.6 Points MPPT pour une éolienne à vitesse variable 19
1.7 Chaine éolienne à base d'une MSAP 20
1.8 Chaine éolienne à base de la machine asynchrone à double alimentation type brushless 22
1.9 Chaine éolienne à base de la MADA à rotor bobiné à énergie rotorique dissipée 22
1.10 Chaine éolienne à base de la machine asynchrone à double alimentation : structure de Karmer 23
1.11 Chaine éolienne à base de la machine asynchrone à double alimentation : Structure de Scherbius avec cyclo-convertisseur 24
1.12 Eolienne basée sur la structure de Scherbius avec convertisseurs MLI . 24
1.13 Modes de fonctionnement de la MADA 27

2.1 Chaine éolienne à base de la MADA 33
2.2 Profil du vent 33
2.3 Courbe de coefficient de puissance Cp 35
2.4 Schéma bloc de la stratégie MPPT sans mesure de vitesse du vent . . 37
2.5 diagramme de puissance 38
2.6 Schéma bloc du modèle simplifié de la MADA 39
2.7 Diagramme simplifié de la commande du convertisseur coté MADA dans le cas de la stratégie MPPT 41
2.8 Bloc redresseur avec sa commande MLI sous MATLAB/SIMULINK . 44
2.9 Schéma de commande par MLI sous MATLAB/SIMULINK 44
2.10 Diagramme de contrôle des courants des convertisseurs coté réseau . . 46
2.11 Schéma bloc de régulation en boucle fermée 47
2.12 Plan surface de la commande par mode glissant 48
2.13 Configuration du système à étudier sous la commande par mode glissant 51
2.14 Stratégie de commande par mode glissant coté MADA 51
2.15 Stratégie de commande par mode glissant coté réseau 55
2.16 Vitesse mécanique 58
2.17 Vitesse mécanique et angle de calage des pales 58
2.18 Vitesse mécanique et Courant rotorique de la MADA 58

2.19 Allure de tension non filtré et Spectre d'harmonique en amont de filtre 59
2.20 Allure de tension filtrée et spectre des harmoniques en aval du filtre . 59
2.21 Tension de bus continu par PI classique et SM contrôller 60
2.22 Courant I_{rd} et I_{rq} en amont du filtre par la commande PI 60
2.23 Courant I_{rd} et I_{rq} en amont du filtre par la commande SMC 60
2.24 Courant I_{rd} et I_{rq} en aval du filtre par la commande PI 61
2.25 Courant I_{rd} et I_{rq} en aval du filtre par la commande par SMC 61

3.1 Contrôle de la puissance active 67
3.2 Allocation d'une puissance de réserve 68
3.3 Contrôle du gradient de puissance 68
3.4 Contrôle de l'équilibre de la puissance active 69
3.5 Contrôle de la puissance pour le contrôle du système 69
3.6 Caractéristiques puissance/fréquence pour un réseau insulaire 70
3.7 Contrôle de la fréquence 70
3.8 Courbe typique du facteur de puissance en fonction de la tension au PCC 71
3.9 Courbe typique du facteur de puissance en fonction de la puissance active produite 72
3.10 Modèle simple d'un système de puissance 72
3.11 Diagramme de Fresnel correspondant à une ligne de puissance 73
3.12 Schéma synoptique du contrôle du convertisseur coté MADA 74
3.13 Schéma bloc du contrôle de la puissance active et réactive coté MADA 75
3.14 Schéma bloc du contrôle des courants rotorique 75
3.15 Schéma bloc du contrôle de la puissance active et réactive coté réseau 77
3.16 Schéma simplifié de la modélisation de la chaine éolienne 77
3.17 Diagramme du système étudié 78
3.18 Diagramme (P_s, Q_s) de la MADA en tenant compte de la limitation du courant statorique 80
3.19 diagramme (P_s, Q_s) de la MADA en tenant compte de la limitation par le courant rotorique 81
3.20 Représentation vectorielle des tensions 83
3.21 Diagramme (P_s, Q_s) de la MADA avec prise en compte de la limitation de tension rotorique 84
3.22 Zone de stabilité en régime permanent de la MADA 85
3.23 Diagramme (P_s, Q_s) de la MADA avec prise en compte de toutes les contraintes 86
3.24 Algorithme de distribution proportionnelle 89
3.25 DSP TMS320f28027 90
3.26 résultats de simulation de la supervision d'une ferme éolienne par la méthode de la distribution proportionnelle 93
3.27 Configuration du système étudié 94
3.28 Topographe de la tunisien 95
3.29 Variation mensuelle de la temperature 95
3.30 Variation mensuelle de la vitesse du vent 96
3.31 Profil de charge journalié 96

3.32 courbe de puisance 97
3.33 Profil de charge mensuel 98
3.34 Taux de production de la ferme éolienne 98
3.35 Taux de production d'électricité par le réseau électrique 99
3.36 Taux de puissance généré par les systèmes de puissance 99
3.37 Excès de production par la ferme éolienne 100
3.38 Fonctionnalité du Homer-pro software 100
3.39 Diagramme de puissance généré par la ferme éolienne et fournit par le réseau électrique 100
3.40 Diagramme de puissance injecté dans le réseau électrique et l'excess de puissance généré par la ferme éolienne 101
3.41 Diagramme de manque de capacité 101
3.42 Détail de la solution optimale 103

4.1 Différents types de stabilité du système de puissance 110
4.2 Modèle en Π d'une ligne électrique 113
4.3 Modèle en Π d'un transformateur 113
4.4 Description du système de puissance 115
4.5 Description schématique d'une chaine de production 115
4.6 Modèle de la turbine et du gouverneur 116
4.7 Système d'excitation de type II 116
4.8 Modèle de liaison entre le PSS et le système 117
4.9 Modèle d'un PSS type avance de phase 118
4.10 Digramme de l'ensemble des blocs du système de puissance. 119
4.11 Classification des différents types d'oscillations 120
4.12 Configuration du réseau a étudié 128
4.13 Angles de charge 128
4.14 Fréquence des trois génératrices 129
4.15 Tension de jeu de barre 129
4.16 Répartition des pôles sur le plan complexe 131
4.17 Configuration du réseau électrique lors de l'intégration d'un parc éolien 131
4.18 Angles de charge 132
4.19 Fréquence des trois génératrices 132
4.20 Tension de jeu de barre 133
4.21 Répartition des pôles sur le plan complexe 133
4.22 Configuration du réseau à étudier 135
4.23 Schéma bloc du régulateur AVR 136
4.24 Angles de charge 137
4.25 Fréquence des trois génératrices 138
4.26 Tension de jeu de barre 138
4.27 Répartition des pôles sur le plan complexe 138
4.28 Configuration du réseau à étudier 140
4.29 Modèle de la turbine et du gouverneur 140
4.30 Angle de charge 140
4.31 Fréquence des trois génératrices 141

4.32 Tension de jeu de barre 141
4.33 Répartition des pôles sur le plan complexe 142

Liste des tableaux

1.1	Avantages et Inconvénients des différents types des aérogénérateurs	26
2.1	Paramètres de régulateur PI	47
3.1	Coûts du système de conversion éolienne	97
3.2	Tableau récapitulatif du coût unitaire d'un Kw/h	97
3.3	Répartition du coût net de l'installation par équipement	103
3.4	Quantité des gaz polluant dégagés	103
4.1	Valeurs propres avant l'intégration du parc éolien	130
4.2	Valeurs propres après l'intégration du parc éolien	134
4.3	Valeurs propres après l'intégration du régulateur AVR	139
4.4	Valeurs propres après l'intégration du régulateur TG et AVR	142

Introduction générale

L'énergie électrique présente une importance majeure pour l'humanité. En effet, elle garantit de meilleures conditions de vie et contribue à la réalisation du développement économique. Vu le développement de la consommation de l'énergie électrique ainsi que l'épuisement des ressources énergétiques fossiles en plus des problèmes environnementaux causés par l'émission des gaz à effet de serre, d'autres ressources énergétiques alternatives ont été développées. Celles-ci possèdent des qualités encourageantes pour pouvoir s'intégrer dans le marché de la production de l'électricité. Dans ce contexte, un véritable challenge mondial est pris au sérieux aujourd'hui sur l'exploitation des ressources d'énergie renouvelable, à savoir l'énergie hydraulique, photovoltaïque et éolienne qui prennent peu à peu une place indéniable dans le marché d'électricité.[11]

Plusieurs configurations se présentent dans les systèmes de génération d'électricité à partir des énergies renouvelables, à savoir les systèmes connectés au réseau électrique et les systèmes décentralisés pour l'électrification des sites isolés. Pour la dernière configuration, l'exploitation d'un système d'énergie hybride [12], pouvant être une alternative ou un compliment aux sources de production classique qui s'impose comme une solution incontournable. Cependant, notre étude s'intéresse aux systèmes connectés au réseau électrique. En effet, le développement technologique des systèmes de génération présente la source d'énergie la plus prometteuse car elle offre l'avantage d'être non polluante et économique. Pour ce fait, il est signalé que l'intérêt qu'a donné le gouvernement tunisien au secteur des énergies renouvelables fait que plusieurs universités oriente leurs recherches vers cet axe. Cette technologie est connue par l'aérogénérateur, basé sur un générateur qui transforme l'énergie cinétique de l'arbre de la turbine capté à partir du mouvement des particules de l'air sur la voilure en énergie électrique. Comme la plupart des autres énergies renouvelables, l'énergie éolienne est de caractère stochastique et dépend essentiellement des conditions climatiques. Par conséquent, lors de l'intégration d'une ferme éolienne avec un faible taux de pénétration, l'influence est minime sur le comportement global du réseau et peut, par conséquent, être déconnectée sans risques. En effet, on peut trouver trois calibres de puissance, à savoir éolienne de petite, de moyenne et de grande puissance. Notre étude s'intéresse aux éoliennes de forte puissance qui sont généralement installées sous forme de ferme éolienne, c'est-à-dire plusieurs aérogénérateurs installés sur le même site sont couplés au réseau électrique. Dans ce contexte, cet aérogénérateur est équipé d'un système de commande basé sur les convertisseurs d'électronique de puissance pour s'adapter aux conditions du vent. En effet, notre système est contrôlé de manière à maximiser en permanence la puissance produite

Introduction générale

en recherchant chaque fois le point de fonctionnement à maximum de puissance. Etant donné que la supervision d'un parc éolien et la connexion au réseau électriques recouvrent des problématiques avec différentes échelles de temps, à savoir la supervision sur le long terme qui a pour but de déterminer le plan de production pour maximiser les profits, la supervision sur le moyen terme qui a pour objectif la détermination des puissances de référence des sources pour maximiser les profits et enfin la supervision en temps réel qui a pour objectif de fournir la puissance de référence et des services système. Pratiquement, le problème majeur associé à ce type d'énergie est qu'elle ne participe pas aux services système, puisque la production est difficilement prévisible est très fluctuante. Donc, son intégration sur le réseau électrique pose un certain nombre de problèmes, à savoir une production aléatoire difficilement prévisible, une absence de réglage de fréquence puissance, une absence de réglage de tension et une sensibilité aux creux de tension. Cependant, la tendance à l'avenir permettra aux parcs éoliens de maintenir la production et d'assurer la stabilité de la fréquence et la tension pour un fonctionnement normal ou au cours d'une perturbation. Dans ce contexte, Il est actuellement envisageable de développer des nouvelles stratégies de commande, de supervision des éoliennes à vitesse variable.

Les recherches actuelles sont concentrées sur les éoliennes à vitesse variable. Ils sont interfacées soient directement, ou bien indirectement par des convertisseurs statiques. Ces derniers offrent un meilleur contrôle du transit des puissances active et réactive entre le réseau et l'aérogénérateur. Par conclusion, on peut trouver cette application sur plusieurs types des aérogénérateurs principalement pour ceux qui sont équipés d'une machine asynchrone à double alimentation (MADA). Depuis les dernières décennies, les systèmes de conversion d'énergie électrique doivent faire face à des défis très importants. Dans ce contexte, pour assurer la diversité des producteurs d'énergie électrique, la libération du marché de l'électricité crée des scénarios de fonctionnement beaucoup plus complexes que par le passé. La consommation élevée de l'énergie électrique de la société moderne implique un fonctionnement des systèmes de puissance à 100% de sa capacité et une sûreté maximale. En outre, le grand soucis des fournisseurs d'électricité est la qualité de la puissance produite et transporté aux consommateurs. Par conséquent, des critères rigoureux de développement et de fonctionnement sont de plus en plus exigés. Dans ces conditions, la stabilité des systèmes de puissance devient une des préoccupations majeures pour les fournisseurs d'électricité. En effet, l'objectif principale de ces systèmes est de rester stables pour toutes les petites variations au voisinage des points de fonctionnement ainsi que pour des conditions sévères. Par conclusion, des travaux de recherche extrêmement importants ont développés des nouvelles méthodes et technologies permettant d'améliorer la stabilité des systèmes. Compte tenu de la sévérité des incidents et de la variété des conditions de fonctionnement, les équipements de commande installés actuellement sur les réseaux peuvent s'avérer trop limités ou insuffisants pour répondre efficacement aux diverses perturbations. En conséquence, les opérateurs de réseaux cherchent à optimiser le fonctionnement tout en maintenant un niveau de sécurité satisfaisant. Pour surmonter le problème d'instabilité, des signaux supplémentaires stabilisateurs sont introduits aux niveaux des génératrices synchrones, à savoir AVR, TG. En effet, le régulateur automatique de tension de l'excitateur de la génératrice est pratiquement la seule source responsable d'oscilla-

Introduction générale

tions dans le système. Pour des raisons économiques et de fiabilité, il est évidemment souhaitable d'identifier les sources d'oscillations ainsi les dispositifs d'amortissement nécessaires. Pour assurer la stabilité du système à traiter, on applique au régulateur AVR le stabilisateur de puissance (PSS). Ce contrôleur détecte les variations de vitesse du rotor ou de puissance électrique du générateur et applique un signal adapté à l'entrée du régulateur de tension (AVR). Il assure donc l'apparition d'un couple d'amortissement additionnel qui compense l'effet négatif du système d'excitation sur les oscillations. En effet, le régulateur PSS maintient la stabilité du réseau pour une plage de points de fonctionnement plus grande qu'avec une simple régulation de tension, et ceci par une utilisation judicieuse des méthodes avancées du réglage des correcteurs. En conclusion, grâce à leurs avantages en termes de coût économique et d'efficacité, les stabilisateurs de puissances sont les moyens habituels, non seulement pour éliminer les effets négatifs des régulateurs de tension, mais aussi pour amortir les oscillations électromécaniques et assurer la stabilité globale du système.

L'objectif de ce travail est le développement de la stratégie du contrôle de supervision d'une ferme éolienne de grande puissance à base d'une machine asynchrone à double alimentation pour son intégration dans la gestion d'un réseau électrique. En effet, l'intégration d'un parc éolien doit être assurée sans toucher la stabilité du réseau, d'une part, et participe aux services système, d'autre part, soit pour le réglage de tension, de la puissance ou bien de la fréquence. Dans ce contexte, notre système doit maintenir la production pour un fonctionnement normal ou au cours d'une perturbation.

Le présent livre est composée de quatre chapitres : Le premier chapitre s'intéresse à la présentation des différentes structures de système de génération d'énergie électrique. En effet, le développement technologique de système de conversion d'énergie éolienne ainsi que les composants constituant l'aérogénérateur d'une part, et les différentes machines électrique utilisées surtout la génératrice asynchrone à double alimentation en grande puissance et en vitesse variable d'autre part, montrent les avantages inégalés de cette machine. Le deuxième chapitre se focalise sur la modélisation de la chaine de conversion d'énergie éolienne de grande puissance à base de la MADA. Dans ce contexte, la stratégie de maximisation MPPT se repose sur le principe de l'extraction du maximum de puissance de l'éolienne afin de l'injecter dans le réseau électrique. Par conséquent, le contrôle notre aérogénérateur sera présenté en utilisant deux stratégies de commande différentes, à savoir PI classique d'une part et commande par mode glissant de premier ordre d'autre part. Le troisième chapitre comporte deux parties. La première porte sur la supervision d'une ferme éolienne pour son intégration dans la gestion du réseau électrique pour les différents modes de fonctionnement, à savoir le mode delta, le mode MPPT et le mode défaut. La deuxième porte sur l'étude technico–économique et environnementale d'un parc éolien connecté au réseau dans la région de Sfax. Finalement, le quatrième chapitre porte sur l'étude de la stabilité d'un réseau électrique lors de l'intégration d'une ferme éolienne sur le réseau électrique.

Chapitre 1

Etat de l'art sur les systèmes de conversion d'énergie électrique

1.1 Introduction

L'homme a connu l'éolienne depuis 2600 ans pour des raisons vitales soit par transformer une force motrice (pompage de liquide, compression de fluide,...) soit par conserver l'énergie mécanique (moulin de Majorque, navire à voile,...). Dans notre étude, on s'intéresse à la production de l'électricité par l'intermédiaire d'une éolienne présentée par la figure 1.1 il s'agit de transformer par l'intermédiaire d'un aérogénérateur de l'énergie mécanique transmise par l'arbre de la turbine capté par le mouvement des particules de l'air sur la surface de la voilure en énergie électrique.

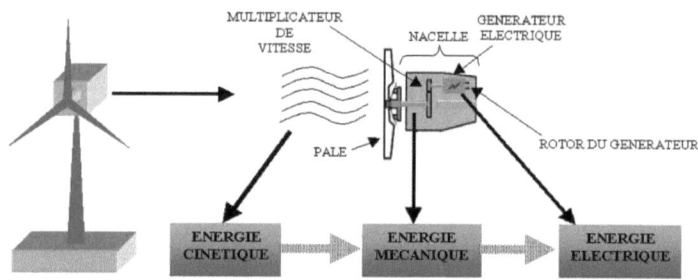

FIGURE 1.1 – Principe de l'énergie éolienne

Réellement c'est en 1891 qu'on trouve les premiers ancêtres des éoliens actuels aux alentours des années 60 dont la production atteint quelques centaines de KW. A la fin de cette période et vu la concurrence de l'énergie primaire fossile, son développement fut stoppé (coût de revient est faible). Mais à partir du choc pétrolier en octobre 1973, les chercheurs s'engagent à développer ce type d'énergie soit pour réduire les émissions de gaz à l'effet de serre soit pour trouver une alternative d'énergie qui peut remplacer les ressources fossiles. Dans les années 90, ils ont commencé à mettre en place des fermes éoliennes dont le but est de se connecter au réseau

Etat de l'art sur les systèmes de conversion d'énergie électrique

électrique[1]. Nous présentons dans ce premier chapitre l'état de l'art sur la conversion éolienne de grande puissance. On commence tout d'abord par des généralités sur l'énergie éolienne, à savoir ses avantages et ses inconvénients, les différents types des aérogénérateurs ainsi que les différentes structures utilisées pour la conversion de l'énergie éolienne à vitesse fixe et à vitesse variable. Finalement, une bibliographie approfondie sur l'étude de la stabilité d'un réseau électrique et les différents composants du système de puissance.

1.2 Structures de système de conversion d'énergie électrique

1.2.1 Avantages de l'énergie éolienne

Les tendances des chercheurs se focalisent sur le développement des énergies renouvelables comme étant une solution pour réduire les problèmes environnementaux d'une part et les problèmes économiques tels que le coût élevé des énergies fossile et la destruction de la réserve d'énergie mondiale d'autre part [1]. Dans ce contexte, l'énergie éolienne a vécu une révolution technologique dans la dernière décennie. Donc elle a été placée comme étant la meilleure énergie renouvelable qui puisse remplacer l'énergie fossile dans le futur. Cette place est due aux nombreux avantages de cette source :

- Elle présente une forme d'énergie durable puisque l'énergie du vent est gratuite et inépuisable.
- Cette forme d'énergie ne polluent ni les sols ni les nappes phréatiques. Par conclusion, Elle présente une énergie propre. De même, elle est propre et n'émit émet aucun déchet gazeux (déchets toxique, gaz à effet de serre), liquide ou solide. En effet, chaque mégawatt/heure éolien réduit de 0,8 à 0,9 tonne des émissions de CO_2 rejetées annuellement par la production d'électricité d'origine thermique. C'est-à-dire, elle présente un avantage majeur pour la conservation de l'environnement.
- Après son cycle de vie (20 ans), une éolienne est entièrement recyclable et démontable ainsi que sa base en béton peut être retirée.
- Elle peut être connectée au réseau d'énergie électrique, de même elle peut fonctionner et électrifier les sites isolés.
- Le coût de production est relativement faible et ne nécessite aucune énergie fossile.

.

1.2.2 Inconvénients de l'énergie éolienne

Comme chaque système, l'éolienne présente quelques inconvénients qu'on ne peut pas l'ignorer mais chaque point négatif présente un besoin de trouver des solutions, à savoir :

Etat de l'art sur les systèmes de conversion d'énergie électrique

- La dépendance de l'état climatique et l'environnement avec différents critères : vents fréquents, surface suffisante, pas d'obstacles au vent, accès facile, proximité du réseau électrique, pas de contraintes environnementales tels que les monuments historiques, site éloigné des habitations), avoir les autorisations réglementaires où elle était placée, donc elle se présente comme une source intermittente, la production d'énergie est donc variable.
- Le coût d'un système de stockage d'énergie est élevé mais il est nécessaire pour assurer la continuité de transit d'énergie.
- Le nombre des parcs éoliens augmente. Par conséquent, le mouvement des pales de l'hélice provoque l'augmentation du frottement ce qui engendre une augmentation de la durée de mouvement de la terre sur elle-même et autour du soleil.
- Des dégradations sur le paysage naturel. En effet, l'architecture des fermes éoliennes et le type de paysages dans lesquels elles s'insèrent ont évidemment une grande importance.
- La pollution acoustique présentée sous forme du bruit émit par les turbines éoliennes peut être classée en deux catégories que l'oreille humaine perçoit différemment, à savoir un bruit rythmique produit par le passage de l'air dans l'hélice et le bruit produit par la rotation des éléments mécaniques tels que les boîtes d'engrenages et génératrices.
- Les pales de l'éolienne peuvent avoir deux effets sur les oiseaux à savoir la collision directe et la réduction de leur habitat. Par conséquent, pour prendre des précautions dans des régions où vivent des espèces d'oiseaux menacées, il faut éviter que les fermes soient situées sur les couloirs de migration.
- Le mouvement des pales des éoliennes peuvent crée des signaux parasites intermittents qui interfèrent avec les trajectoires originales de transmission. En effet, chaque structure métallique importante peut causer du potentiel d'interférences pour les signaux électromagnétiques tels que ceux des émissions radio et TV et des communications hertziennes.

1.2.3 Différents types d'aérogénérateurs

Depuis l'invention de la première éolienne jusqu'à présent, sa structure évolue selon le besoin et l'intégration à l'environnement cible. Deux familles de voilures se présentent selon la position de l'axe du rotor à savoir les aérogénérateurs à axe vertical et les aérogénérateurs à axe horizontal [2]. Un seul objectif pour ces deux configurations c'est la génération de l'électricité depuis la rotation de l'arbre de la génératrice.

Aérogénérateur à axe vertical

Cette famille présente un grand intérêt pour certaines applications. On peut trouver deux types de turbine, présentés par la figure 1.2, à savoir la turbine Savonius et la turbine Darrieus. La turbine Darrieus était inventée par Georges Jean Marie Darrieus, un ingénieur aéronautique français en 1931. Elle est présentée sous trois formes : Darrieus classique, hélicoïdale et de type H. Ces structures peuvent comporter deux ou plusieurs pales. Elle est basée sur l'effet de portance qui soumis à l'action d'un vent relatif et repose sur le principe de la variation cyclique d'incidence. Cette technologie se compose d'un certain nombre de pales aérodynamiques incurvées montées sur un arbre rotatif vertical. La courbure des pales ne permet à la lame de souligner que pour des vitesses de rotation élevées. En effet, lors de la rotation de l'arbre de la turbine, les pales vont de l'avant dans l'air dans une trajectoire circulaire [2]. C'est l'action du mouvement des particules de l'air sur un profit donné selon différents angles qui provoque une force qui génère un couple moteur se traduisant par la rotation de la turbine. Cette technologie peut produire une puissance plus grande que cette des éolienne Savonius. Cette turbine ne peut pas fonctionner en grande puissance à cause de sa structure fragile au niveau du pied du mât et ne peut démarrer que par une intervention extérieure.

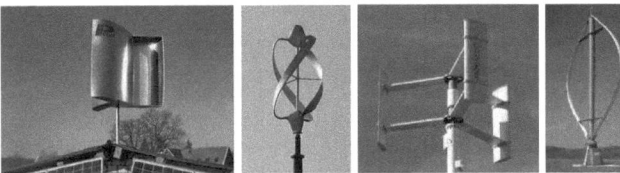

FIGURE 1.2 – Eoliennes à axe verticale

L'éolienne Savonius a été inventée par l'ingénieur finlandais Johannes Sigurd Savonius en 1922. Cette turbine est l'une des technologies simples comportant deux ou trois boules légèrement désaxées. Elle se rassemble à une machine à deux cuillères formant la lettre S dans la section transversale qui présente un grand nombre d'avantages, à savoir :

- Faible encombrement qui permet d'intégrer l'éolienne aux bâtiments sans en dénaturer l'esthétique.
- Peu bruyante lors de fonctionnement et bon rendement.
- Démarrage à des faibles vitesses de vente.
- Couple élevé variant de façon sinusoïdale au cours de la rotation.

L'utilisation de cette structure est limitée à la production de faible puissance. Cette voilure présente une résistance lors du mouvement contre le vent en raison de la courbure. En effet, elle extrait plus de puissance de vent que les autres turbines de taille similaire. Une grande partie de la surface balayée par le rotor Savonius peut-être près du sol, si elle a un petit montage sans un article étendu, ce qui rend l'extraction globale d'énergie moins efficace en raison des faibles vitesses du vent trouvé à des hauteurs inférieures.

Aérogénérateur à axe horizontal

Cette technologie demeure face au vent comme les moulins à vent. Sa structure est fixée au sommet d'une tour, ce qui lui permet de capter une quantité plus

Etat de l'art sur les systèmes de conversion d'énergie électrique

importante d'énergie éolienne. Comme tout système, cette configuration présente plusieurs avantages, telle que la faible vitesse d'amorçage (cut-in) et le coefficient de puissance relativement élevé (rapport entre la puissance obtenue et la puissance aérodynamique) [2]. Dans cette configuration, la boite de vitesses et la machine électrique doivent être installées en haut de la tour, ce qui pose des problèmes mécaniques et économiques. Par conséquent, pour assurer l'orientation automatique de l'hélice face au vent, on a besoin d'un organe supplémentaire (queue). On peut observer plusieurs types de voilures pour cette famille selon le nombre de pales au niveau de l'hélice (éolienne mono-pale, tripale ou multi-pale). La plupart des turbines installées sont tripales vu sa stabilité car la charge aérodynamique est relativement uniforme et son coefficient de puissance plus élevé par rapport aux autres. Cette dite famille peut se présenter suivant son orientation en fonction du vent : la figure 1.3 présente les éoliennes amont (up-wind) et les éoliens avals (down-wind). La première catégorie a le rotor face au vent. En effet, le vent souffle directement sur les pales de l'éolienne et en direction de la nacelle. Par conséquent, le flux d'air atteint le rotor sans obstacle, le problème de « l'ombre de la tour » (tower shadow) est bien moindre et nécessite un mécanisme d'orientation pour maintenir en permanence le rotor face au vent. La deuxième catégorie, le vent souffle directement sur l'arrière des pales de l'éolienne en portant de la nacelle [2]. Elle n'a pas besoin de ce mécanisme d'orientation mais le rotor est placé de l'autre côté de la tour, donc il peut y avoir une charge inégale sur les pales quand elles passent dans l'ombre de la tour. Par conclusion, les éoliennes à axe horizontal en amont sont les plus exploités vu leur simplicité et rendement.

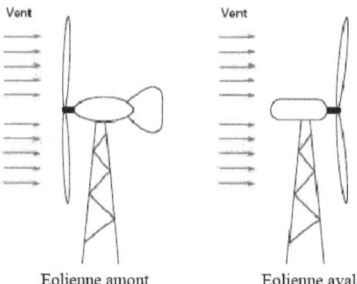

FIGURE 1.3 – Eoliennes à axe horizontal

1.2.4 Différentes structures utilisées dans la conversion de l'énergie éolienne

La génération de l'électricité à partir d'une éolienne est basée sur l'aérogénérateur qui transforme l'énergie mécanique transmise par l'arbre de la turbine en énergie électrique. Deux structures se présentent, à savoir l'aérogénérateur à vitesse fixe et l'aérogénérateur à vitesse variable.

Etat de l'art sur les systèmes de conversion d'énergie électrique

Structure à vitesse fixe

En étudiant la structure des aérogénérateurs à vitesse fixe, plusieurs machines se présentent telle que :

(a). Chaine éolienne à base de la machine asynchrone à cage écureuil :
La première génération des éoliennes de grande puissance s'est basée sur la génératrice asynchrone à cage, dans la structure à vitesse fixe, directement couplée sur le réseau électrique. En effet, cette génératrice, présentée par la figure1.4, se caractérise par sa robustesse, son faible coût et l'absence de l'entretien vu l'absence de contacts glissants et de système ballais collecteur. Deux cas de figure se présentent : soit se connecter directement au réseau électrique, soit l'utiliser en mode autonome [3]. Pour assurer le couplage sur le réseau électrique, il faut vérifier, coté génératrice, trois conditions imposées par le réseau, à savoir la tension, la fréquence et le déphasage entre le courant et la tension. Cette action est effectuée en deux étapes :

- Connecter les enroulements statoriques au réseau à travers des résistances de manière à limiter les courants statoriques transitoires. Au cours de cette étape, les pales d'aérogénérateurs sont orientées de manière à annuler le couple généré.

- Court-circuiter les résistances et faire croitre la puissance par le système d'orientation des pales. En effet, pour assurer un fonctionnement sûr et stable de l'éolienne, la vitesse de rotation doit être très proche de la vitesse de synchronisme. Dans ce contexte, cette génératrice est entrainée par un multiplicateur et sa vitesse est maintenue approximativement constante par un système mécanique d'orientation des pales. Cette technique est consommatrice d'énergie réactive qui sert à magnétiser le rotor de la génératrice et qui conduit à la détérioration de facteur de puissance au niveau du réseau. Par conséquent, il est nécessaire d'ajouter un banc de condensateurs afin de limiter la puissance réactive appelée à ce réseau. Concernant la deuxième configuration qui est basée sur le principe de fonctionnement en mode autonome pour alimenter un site isolé avec une éventuelle source de secours soit un groupe électrogène soit un système de stockage d'énergie.

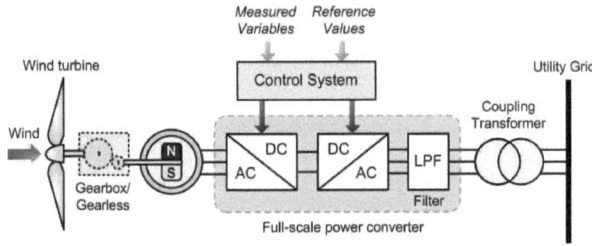

FIGURE 1.4 – Chaine éolienne à base de la machine asynchrone

Etat de l'art sur les systèmes de conversion d'énergie électrique

(b). **Chaine éolienne à base de la machine asynchrone à double stator :**
En s'appuyant sur le besoin d'améliorer le rendement de la première configuration, des études prévoient une structure utilisant la machine asynchrone à double stator présentée par la figure1.5. Elle permet un point de fonctionnement pour deux vitesses différentes. Cette machine est réalisée par un double bobinage au stator qui induit un nombre de paires de pôles variable, et donc des plages de vitesses différentes [3]. En effet, d'une part, on a un stator de faible puissance à grand nombre de paires de pôles pour les petites vitesses de vent. C'est-à-dire, à une faible puissance correspond une faible vitesse, la vitesse étant liée au nombre de paires de pôles qui correspond un nombre de paires de pôles élevé. D'autre part, on a un stator de forte puissance correspondant à une vitesse élevée et donc à faible nombre de paires de pôles pour les vitesses de vent élevées. Malgré la simplicité de l'architecture de cette génératrice, elle présente des inconvénients, à savoir :

- Coût élevé.
- Poids lourd par rapport aux autres machines.
- Encombrante.
- Bruyante à cause de la modification de l'aérodynamique des pales.
- N'exploite pas de la totalité de la puissance disponible pour les différentes vitesses du vent.
- Couple mécanique variable puisque le système de régulation de l'angle de calage des pales est actif vu la variation du vent.

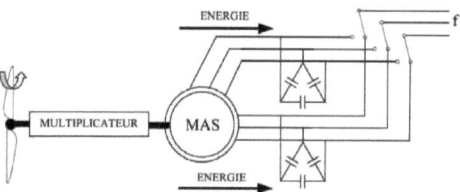

FIGURE 1.5 – Chaine éolienne à base de la MADS

Structure à vitesse variable

En traitant le cas des éoliennes à vitesse variable, on remarque que l'amplitude de la tension et la fréquence fournies par la génératrice sont variables. Cependant, pour assurer un couplage sûr et stable sur un réseau électrique, les conditions du réseau doivent être satisfaites c'est-à-dire avoir une amplitude de tension et une fréquence fixées à celle du réseau. En effet, on ajoute deux convertisseurs (redresseur, onduleur) intercalés entre la génératrice et le réseau qui sert à stabiliser la fréquence et la tension selon la valeur désirée. La figure 1.6 présente la puissance disponible en fonction de la vitesse de rotation du générateur pour différentes vitesses de vent.

Etat de l'art sur les systèmes de conversion d'énergie électrique

En traitant ces caractéristiques, on remarque que si la génératrice est entrainée à une vitesse fixe les maxima théoriques des courbes de puissance ne seraient pas exploités. Dans ce contexte, l'extraction de maximum de puissance est réalisé par ajustement de la vitesse de rotation de l'arbre de la génératrice en fonction de la vitesse du vent [3,4]. C'est le principe d'extraction de maximum de puissance qui est basé sur le fonctionnement sur une large gamme de vent et donc, la récupération du maximum de puissance. Il consiste à ajuster le couple électromagnétique de la génératrice pour fixer la vitesse à une valeur de référence calculée pour maximiser la puissance extraite. Pour ce faite, le système est réglé de façon à ce que l'éolienne fonctionne à puissance maximale pour chaque vitesse de vent [5].

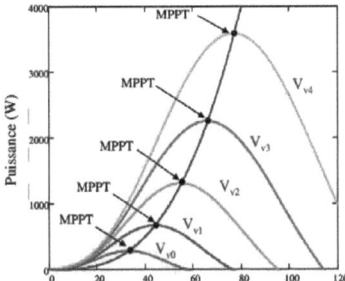

FIGURE 1.6 – Points MPPT pour une éolienne à vitesse variable

On conclut que les éoliennes de forte puissance fonctionnent sous vitesse variable. Elles présentent des avantages comparées à celles à vitesse fixe, à savoir :

- Amélioration de fonctionnement pour les faibles vitesses de vent où le maximum de puissance peut être aisément converti.
- Simplicité du système Pitch controller. En effet, le contrôle de la vitesse de l'arbre de la génératrice influent sur les constantes de temps mécaniques des pales peuvent être plus longues, réduisant la complexité du système d'orientation des pales et son dimensionnement par rapport à la puissance nominale Pn.
- Minimisation des effets néfaste des bruits lors de son fonctionnement en faible vitesse de vent et des efforts mécaniques grâce à l'adaptation de la vitesse de la turbine lors des variations du vent.

(c). Chaine éolienne à base de la machine synchrone à aimant permanent :
Les aérogénérateurs basés sur les machines asynchrone, présenté par la figure 1.7 , présentent l'inconvénient du coût de maintenance grâce au système de bagues, de balais et du multiplicateur. Cependant, l'utilisation des machines synchrone présente un avantage majeur sur l'exploitation en entrainement direct c'est à dire pas de multiplicateur dans la chaine. En effet, cette configuration permet d'une part, de fournir un couple très important, d'autre part, de diminuer énormément les contraintes mécaniques exercées sur la chaine de

Etat de l'art sur les systèmes de conversion d'énergie électrique

conversion [4]. Malgré ça, cette machine présente quelques inconvénients, à savoir :

- Maintenance fréquente pour le système bagues-balais.
- Présence d'une source auxiliaire qui sert à l'excitation de l'inducteur, fournit de réactive.
- Un système de stockage est obligatoire pour les fonctionnements dans les sites isolés.
- Electronique de puissance obligatoire pour ce type de machine qui fonctionne à vitesse de vent variables.

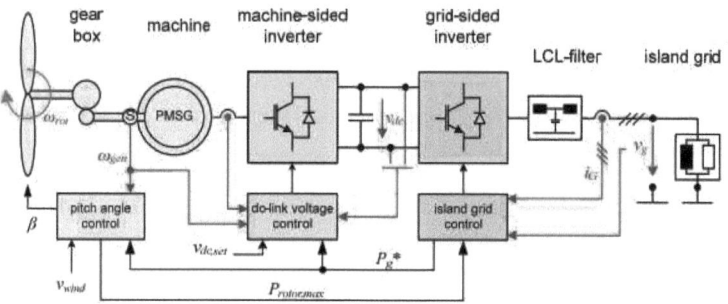

FIGURE 1.7 – Chaine éolienne à base d'une MSAP

En s'appuyant sur les inconvénients, certains fabricants ont développé des éoliennes basées sur des machines synchrones à grand nombre de paires de pôles et couplées directement à la turbine. En effet, l'apparition de la génératrice synchrone à aimant permanant basée sur la répartition des aimants permanents élimine le système de bagues et de balais. En effet, le grand nombre de pôles génèrent des couples mécaniques importants. En contrepartie, le problème majeur pour ce type de machine c'est que les variations importantes du couple électromagnétique peuvent causer la démagnétisation des aimants qui influe directement sur la durée de vie de l'éolienne, ainsi le grand nombre de paires de pôles provoque plus d'encombrement de la machine. Malgré le dimensionnement des convertisseurs de puissance, il présente un avantage du point de vue simplicité de contrôle de l'éolienne (régulation de vitesse) qui favorise une optimisation énergétique.

(d). Chaine éolienne à base de la machine asynchrone à double alimentation :
Les aérogénérateurs à base de machine asynchrone à double alimentation occupe une place majeur dans le domaine de l'énergie éolienne de grande puissance et à vitesse variable [5,6]. En effet, elle présente plusieurs avantages, à savoir :

- Electronique de puissance (redresseur, onduleur) utilisés sont peu encombré, moins coûteux, nécessitant ainsi un système de refroidissement moins lourd. En effet, cet équipement engendre moins de perturbations comparativement aux convertisseurs utilisés pour les éoliennes à base de machine asynchrone à cage ou à aimant permanent.
- Réduction des pertes liées aux convertisseurs statiques.
- Amélioration du rendement du système de génération.
- Réduction du dimensionnement du système de filtrage.
- Correction du facteur de puissance grâce au control indépendant des puissances active et réactive assuré par l'action des convertisseurs.
- Fonctionnement stable pour des plages de vitesses ±30% (correspond à la valeur de glissement) autour de vitesse de synchronisme qui va limiter la puissance circulant dans le circuit rotorique. En effet, l'électronique de puissance utilisée est dimensionnée pour faire transiter uniquement la puissance de glissement, c'est à dire au maximum 30% de la puissance nominale générée. Selon la nature du rotor, la MADA se présente principalement sous deux configurations.
- Machine asynchrone à double alimentation de type brushless : elle possède un rotor non accessible similaire à celui de la MAS à cage écureuil.
- Machine asynchrone à double alimentation de type rotor bobiné : elle est la plus exploitée dans la chaine de conversion éolienne. Grace à la même configuration que MAS classique coté stator munie d'un rotor contenant un bobinage triphasé accessible à travers trois bagues à contacts glissants.

- Chaine éolienne à base de la machine asynchrone à double alimentation « type brushless » :
  La figure1.8 présente une chaine éolienne à base de la machine asynchrone à double alimentation de type brushless. Elle possède deux bobinages statoriques distincts, l'un est directement connecté au réseau qui constitue le principal support de transmission de l'énergie générée, et l'autre, de section moins élevée permet la possibilité de la variation des courants d'excitation. Les tensions appliquées au second bobinage statorique servent à contrôler la vitesse de la génératrice autour d'un point de fonctionnement. En observant la figure suivante, on remarque que l'électronique de puissance est placée entre le stator de faible puissance et le réseau. Ces convertisseurs ont pour rôle de transiter que la puissance nécessaire à la magnétisation de la génératrice ce qui va diminuer énormément leur coût [5]. De même, cette machine ne possède pas de contacts glissants. Malgré ces avantages, les grands nombres de paires de pôles placés aux niveaux des deux stators entrainent l'augmentation de son diamètre et la complexité de sa fabrication. Aussi, cette machine est dépendante au coefficient de glissement (lorsque ce coefficient dépasse 30% le coût du convertisseur va augmenter), ce système n'a pas été exploité industriellement mais existe à l'état de prototype.

Etat de l'art sur les systèmes de conversion d'énergie électrique

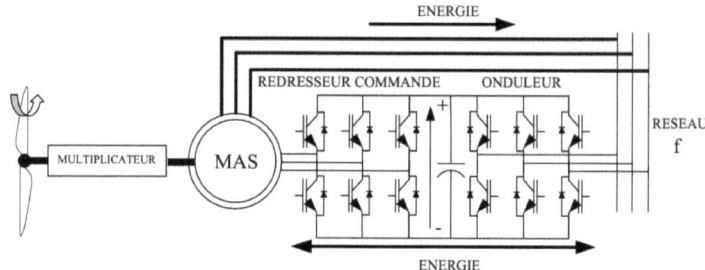

FIGURE 1.8 – Chaine éolienne à base de la machine asynchrone à double alimentation type brushless

- Chaine éolienne à base de la machine asynchrone à double alimentation à énergie rotorique dissipée :
  La figure 1.9 présente une chaine éolienne à base d'une machine asynchrone à double alimentation à énergie rotorique dissipée. Elle est composé par un stator connecté directement au réseau et un rotor connecté à une charge résistive placée en sortie du redresseur par l'intermédiaire d'un hacheur à IGBT ou GTO. De même, le facteur de glissement est modifié en fonction de la vitesse de rotation de la machine. Donc toute augmentation du glissement résulte une augmentation de la puissance extraite du rotor et une dissipation entière dans la résistance R, ce qui nuit au rendement du système et influe sur la taille des convertisseurs et de la résistance.

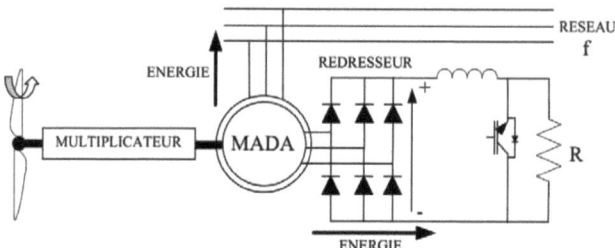

FIGURE 1.9 – Chaine éolienne à base de la MADA à rotor bobiné à énergie rotorique dissipée

- La figure 1.10 présente une chaine éolienne à base de la machine asynchrone à double alimentation « structure de Karmer ». Dans ce contexte, pour minimiser la dissipation d'énergie , un onduleur va remplacer le hacheur et la résistance pour envoyer l'énergie vers le réseau. Dans cette structure, le convertisseur statique se compose de l'ensemble redresseur-onduleur, est alors dimensionné pour une fraction de la puissance nominale de la machine. Il réduit la taille du convertisseur par rapport à la puissance nominale de la machine pour maintenir le glissement inférieur à 30% [3, 8]. Malgré ces avantages, cette structure présente des problèmes à savoir :

- La présence des thyristors au niveau de l'onduleur nuit le facteur de puissance.
- Le transfert d'énergie issue du redresseur est uniquement du rotor de la machine vers le réseau. En effet, le système ne peut produire de l'énergie que pour des vitesses de rotation supérieures à celle du synchronisme. Jusqu'à présent, cette configuration n'est plus utilisée, au profit de la structure de Scherbius.

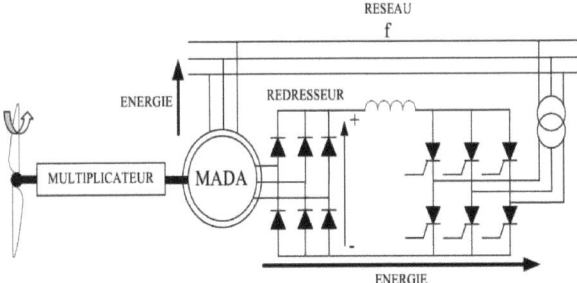

FIGURE 1.10 – Chaine éolienne à base de la machine asynchrone à double alimentation : structure de Karmer

- Chaine éolienne à base de la machine asynchrone à double alimentation : Structure de Scherbius avec cyclo-convertisseur :
Pour assurer le transfert de flux d'énergie bidirectionnel entre le rotor et le réseau, l'association redresseur-onduleur peut être remplacée par un cyclo-convertisseur, nommé par la structure de Scherbius. En effet, cette configuration présente une plage de variation de vitesse deux fois par rapport à la structure précédente. Pour avoir un système efficace, la variation du coefficient du glissement doit rester inférieure à 30%, pour cette raison deux fonctionnements se présentent :

- Fonctionnement hypo-synchrone pour les variations positives.
- Fonctionnement hyper-synchrone pour les variations négatives.

Cette structure, présentée par la figure 1.11, se base sur le principe du cyclo-convertisseur qui prend des fractions des tensions sinusoïdales du réseau afin de reproduire une onde de fréquence inférieure. Mais en contrepartie, son utilisation génère des perturbations harmoniques importantes qui nuisent au facteur de puissance du dispositif [3, 7, 9].

Etat de l'art sur les systèmes de conversion d'énergie électrique

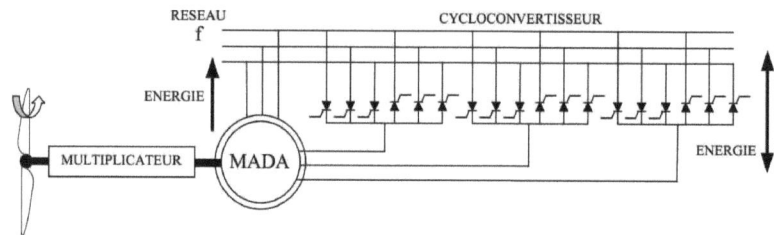

FIGURE 1.11 – Chaine éolienne à base de la machine asynchrone à double alimentation : Structure de Scherbius avec cyclo-convertisseur

- Chaine éolienne à base de la machine asynchrone à double alimentation : structure de Scherbius avec convertisseurs MLI
  Cette configuration, présentée par la figure 1.12, est basée sur la structure de Scherbius avec cyclo-convertisseur. Elle est présentée par des interrupteurs à base des transistors IGBT qui peuvent être commandés à l'ouverture et à la fermeture avec une fréquence de commutation plus élevée que celle des GTO.

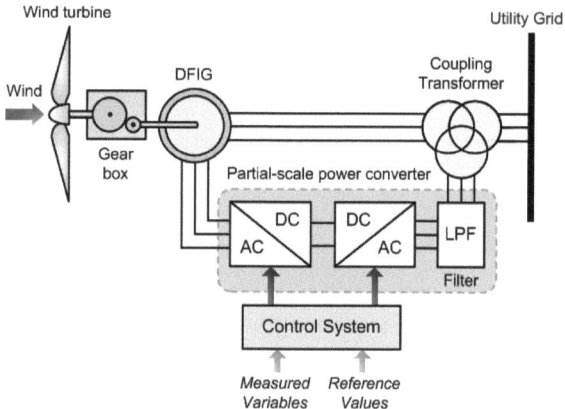

FIGURE 1.12 – Eolienne basée sur la structure de Scherbius avec convertisseurs MLI

En effet, les convertisseurs MLI permettent d'obtenir des allures de signaux de sortie en modulation par largeur d'impulsions dont la modularité permet de limiter les perturbations en modifiant le spectre fréquentiel du signal (rejet des premiers harmoniques non nuls vers les fréquences élevées) [3]. Pour assurer la bidirectionnelle de transit d'énergie ainsi les fonctionnements hyper et hypo-synchrone et le contrôle du facteur de puissance côté réseau, deux convertisseurs MLI sont placés coté rotor de la MADA. Par conclusion, ce type de MADA est caractérisé par sa simplicité par apport aux autres types malgré la présence de contacts glissants qui doivent être entretenus et remplacés périodiquement. L'avantage principale de cette structure de la MADA se présente lorsque le coefficient de glissement reste inférieur à ± 30 % autour du synchronisme. Le convertisseur est alors dimensionné pour un tiers de la puissance nominale de la machine et ses pertes représentent moins de 1% de cette puissance. En effet, lorsque la vitesse de rotation est supérieure de la vitesse de synchronisme, on est dont au niveau du fonctionnement hyper-synchrone. Il permet le transit de l'énergie du stator vers le réseau mais également du rotor vers le réseau. Par conclusion, On déduit que la puissance produite peut dépasser la puissance nominale de la machine et le facteur de puissance de l'ensemble peut être maintenu unitaire. Enfaite, l'électronique de puissance par MLI placés dans la chaine peuvent engendrer des $\frac{dv}{dt}$ importants dans les enroulements rotorique et faire circuler des courants de fréquences élevés dans ces mêmes enroulements. On distingue deux modes de fonctionnement pour la MADA. En effet, la commande des tensions rotorique permet de gérer le champ magnétique à l'intérieur de la machine, offrant ainsi la possibilité de fonctionner en hyper-synchronisme ou en hypo-synchronisme aussi bien en mode moteur qu'en mode générateur présenté par la figure 1.13 [3.8].

- Fonctionnement en mode moteur hypo-synchrone :
  Ce fonctionnement est réalisé lorsque la vitesse de la MADA s'étendant de la vitesse de synchronisme à une vitesse plus faible présenté par le quadrant 1. En effet, le réseau fourni de la puissance au stator et la puissance de glissement est renvoyée sur le réseau via les convertisseurs connectés au rotor.
- Fonctionnement en mode moteur hyper-synchrone :
  Ce fonctionnement est réalisé lorsque la vitesse de la MADA peut varier au-delà de la vitesse de synchronisme, présenté par le quadrant 2. En effet, une partie de la puissance fournie par le réseau va au rotor via les convertisseurs statiques et est convertie en puissance mécanique.
- Fonctionnement en mode génératrice hypo-synchrone :
  On s'intéresse à ce mode de fonctionnement car il correspond à notre cas, présenté par le quadrant 3. En effet, la MADA fournie de la puissance par le dispositif d'entraînement, dont une partie transitant par le stator et l'autre réabsorbée par le rotor.
- Fonctionnement en mode génératrice hyper-synchrone :
  En observant le quadrant 4, on remarque que la totalité de la puissance mécanique fournie à la machine par la turbine éolienne est transmise au réseau aux pertes près.

Le tableau 1.1 illustre les avantages et les inconvénients des différents types des aérogénérateurs.

Tableau 1.1 – Avantages et Inconvénients des différents types des aérogénérateurs

Type Eolienne	Avantages	Inconvénients
Machine asynchrone	- Machine robuste	- Puissance extraite non optimisée,
	- Faible coût ,	- Maintenance boite de vitesse,
	- Robuste,	- Pas de contrôle d'énergie réactive,
	- Pas d'électronique de puissance.	- Magnétisation de la machine imposée par le réseau.
		- Perte d'énergie due au multiplicateur
Machine asynchrone doublement alimenté	- Fonctionnement à vitesse variable dans une petite plage,	- Maintenance boite de vitesse,
	- Robuste,	- Prix d'électronique de puissance,
	- Puissance extraite optimisé	- Contrôle commande complexe,
	- Machine standard,	- Contact glissant bagues -balais.
	- Connexion de la machine plus facile à gérer,	- Perte d'énergie due au multiplicateur
	- Electronique de puissance dimensionnée de 30% de la puissance nominale.	
Machine synchrone à aimant permanent	- Fonctionnement à vitesse variable dans toute la plage de vitesse,	- Prix d'électronique de puissance,
	- Puissance extraite optimisée pour les vents faibles,	- Machine spécifique,
	- Gain important de poids,	- Electronique de puissance dimensionnée pour la puissance nominale de la génératrice.
	- Bon rendement,	
	- Possibilité d'absence de boite de vitesse.	

Etat de l'art sur les systèmes de conversion d'énergie électrique

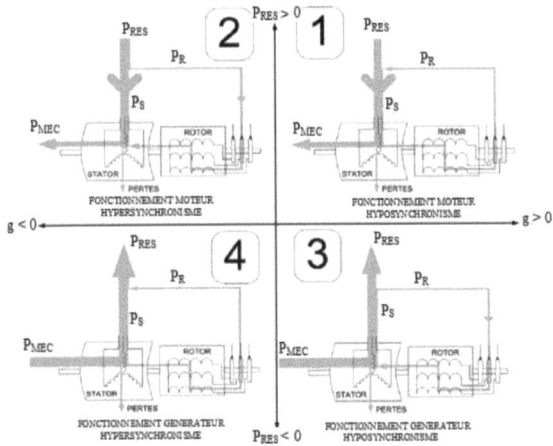

FIGURE 1.13 – Modes de fonctionnement de la MADA

1.3 Différents types des systèmes de conversion d'énergie éolienne

1.3.1 Eolienne connectée au réseau électrique

Vu l'importance de l'électricité dans notre vie ainsi que les problèmes rencontrés par les sources classique, la stratégie de la plus part des pays se focalisent sur le développement d'autres ressources énergétiques à base des énergies renouvelables telle que l'énergie éolienne. L'exploitation de l'énergie éolienne pouvant être une alternative ou un compliment aux sources de production classique. Afin de répondre à la demande en puissance, les fermes constituées de plusieurs éoliennes (des dizaines d'éoliennes) de grandes capacités s'avèrent la solution la plus adaptée. Elles présentent un taux de pénétration significatif dans le réseau électrique [1]. Deux types des systèmes de puissance se présentent :

Eolienne destinée à la production électrique

La majorité de ces fermes sont contrôlées de manière à fournir leur maximum de puissance au réseau électrique et elles se déconnectent lors d'une défaillance qui survient sur ce dernier. La difficulté majeure associée aux sources d'énergie décentralisées est qui ne participent en général pas aux services système (réglage de la tension, de la fréquence, ...). C'est particulièrement vrai pour les sources d'énergies renouvelables dont la production est difficilement prévisible est très fluctuante [1]. L'intégration d'un parc éolien dans le réseau électrique pose un certain nombre de problèmes :

- Production aléatoire est difficilement prévisible.

Etat de l'art sur les systèmes de conversion d'énergie électrique

- Absence de réglage (fréquence-puissance, tension, puissance).
- Sensibilité aux creux de tension.

Eolienne destinée au réglage du réseau électrique

Pour surmonter les problèmes rencontrés et assurer la sécurité du réseau électrique, les systèmes de conversion d'énergie éolienne sont appelés de plus en plus à se conformer aux exigences imposées par le gestionnaire du réseau. Plusieurs recherches se focalisent sur le développement des techniques de supervision et de commande des fermes éoliennes, à savoir le contrôle des puissances active et réactive, le contrôle de la tension, le contrôle de la fréquence, et la tolérance vis-à-vis des défauts du réseau [13].

1.3.2 Eolienne dans un site isolé

Dans la plupart des régions isolées, le générateur diesel est la source principale d'énergie électrique. Pour ces régions l'extension du réseau électrique est prohibitive et le prix du combustible augmente radicalement avec l'isolement. La baisse continue des prix des systèmes de conversion d'énergie éolienne et la fiabilité croissante de ces systèmes ont mené à une plus grande utilisation de ce type de source pour la génération d'énergie électrique dans les régions isolées. Une des propriétés qui limitent l'utilisation des systèmes de conversion d'énergie éolienne est liée à la variabilité des ressources. Les fluctuations de la charge et de la source primaire selon les périodes ne sont pas forcément corrélées avec les ressources. Pour surmonter les problèmes rencontrés, deux solutions se présentent, soit une petite ferme éolienne (maximum trois éoliennes) de petite ou moyenne capacité connectée à un banc de batterie, soit un système hybride comportant des différents types de sources pour assurer à la fois l'alimentation de la charge et la continuité du service.

1.3.3 Configuration de la chaine a étudié

Notre étude se focalise sur l'interconnexion d'une ferme éolienne au réseau électrique assurant le réglage de la puissance active et réactive pour son intégration dans la gestion du réseau électrique. En effet, notre chaine éolienne se fait en deux étapes, la première, c'est de l'énergie cinétique du vent en énergie mécanique par l'intermédiaire d'une turbine, et la seconde est la conversion de l'énergie mécanique au niveau de l'arbre de la turbine en énergie électrique via une génératrice à double alimentation où son stator est connecté directement au réseau, et son rotor aussi via un convertisseur statique qui nous permet de délivrer les tensions de commande nécessaires des puissances statoriques, où la référence de la puissance statorique est fournie à partir d'un algorithme MPPT pour permettre de s'attendre à un grand rendement de la conversion cinétique-mécanique. En effet, la présence de deux convertisseurs bidirectionnels entre le rotor et le réseau permet de contrôler le transfert de puissance dans les deux modes de fonctionnement hyper-synchrone et hypo-synchrone. Par la suite, l'énergie électrique peut non seulement être produite du stator vers le réseau mais également du rotor vers le réseau dans le cas du fonctionnement hyper-synchrone où la vitesse est supérieure à la vitesse de synchronisme.

1.4 Conclusion

Vu sa propreté et son aspect économique viable, l'énergie éolienne prend une place majeure dans le paysage des producteurs de l'énergie électrique. Cette technologie a connu une croissance qui fait d'elle la technologie la plus prometteuse et la plus compétitive. Étant donné que l'énergie éolienne est de caractère stochastique donc son intégration au réseau peut prévoir des perturbations sur son fonctionnement. En effet, pour garantir un fonctionnement sûr, fiable et stable, les chercheurs ont développé des techniques de commande et de supervision des parcs éoliens dans le réseau électrique. On a décrit au début de ce premier chapitre, une généralité sur la conversion d'énergie éolienne et son intérêt à la croissance de cette filière puis les différents types d'aérogénérateur présentés par les éoliennes à axe vertical et à axe horizontal, ainsi que la structure à vitesse fixe et à vitesse variable tout en s'intéressant à l'importance de l'intégration de la MADA avec convertisseur MLI dans notre chaine de conversion. Ensuite, on a présenté la stratégie de commande et les différentes techniques de contrôle et de régulation qu'on va détailler dans le chapitre suivant. Finalement, on a démontré l'importance de la stabilité du réseau électrique et l'emploi des systèmes de régulation pour surmonter les problèmes rencontrés au cours du fonctionnement. Le chapitre suivant s'intéresse à la modélisation et la commande d'une chaine éolienne à base d'une génératrice asynchrone à double alimentation. Une comparaison entre deux techniques de commande a pour but de préciser les avantages de la commande robuste pour ce type de système.

Références

[1] S.El Aimani, 'Modélisation de différentes technologies d'éoliennes intégrées dans un réseau de moyen tension', thèse préparée au sein de laboratoire L2EP de l'école centrale de Lille le 6 décembre 2004.

[2] David Marín, 'Intégration des éoliennes dans les réseaux électriques insulaires', Thèse de doctorat, école centrale de Lille, avril 2009.

[3] Fréderic Poitiers, 'Etude et commande de génératrices asynchrones pour l'utilisation de l'énergie éolienne - Machine asynchrone à cage autonome - Machine asynchrone à double alimentation reliée au réseau' 2003, Thèse de Doctorat de l'Université de Nantes.

[4] W. Ouled Amor, M. Ghariani and R. Neji, Design of a wind energy conversion power system based on permanent magnet synchronous generator, 14th international conference on Sciences and Techniques of Automatic control and computer engineering - STA'2013.

[5] Duc-Hoan Tran, 'Conception Optimale Intégrée d'une chaîne éolienne passive : Analyse de robustesse, validation expérimentale', thèse de doctorat, l'Institut National Polytechnique de Toulouse, septembre 2010.

[6] Davide Aguglia, 'Conception globale des générateurs asynchrones à double alimentation pour éoliennes', Thèse de doctorat, Faculté des études supérieures de l'Université Laval, 2010.

[7] Andreas Petersson, 'Analysis, Modeling and Control of Doubly-Fed Induction Generators for Wind Turbines', Theses doctorate, Chalmers university of technology, Sweden 2005.

[8] Mohammad Rashed M. Altimania , 'Modeling of doubly-fed induction generators connected to distribution system based on eMEGASim® R real-time digital simulator', theses doctorate, May 2014.

[9] Armand BOYETTE, 'Contrôle-commande d'un générateur asynchrone à double alimentation avec système de stockage pour la production éolienne', Thèse de doctorat de l'Université Henri Poincaré, Nancy 1, décembre 2006.

Références

[10] Houda Belghitri, 'Modélisation simulation et optimisation d'un système hybride éolien photovoltaïque', Magister en Physique Energétique et Matériaux, 2010.

[11] Walid Ouled Amor, Hassen Ben Amar, Moez Ghariani, 'Modeling of a photovoltaic conversion system', International conference of system and control, CIER'16.

[13] Tarak Ghennam, 'Supervision d'une ferme éolienne pour son intégration dans la gestion d'un réseau électrique, apports des convertisseurs multi niveaux au réglage des éoliennes à base de machine asynchrone à double alimentation', école centrale de Lille et l'école militaire polytechnique d'Alger, Septembre 2009.

Chapitre 2

Modélisation d'une chaine de conversion éolienne à vitesse variable à base d'une MADA

2.1 Introduction

Les systèmes de conversion d'énergie éolienne occupent une place majeure dans les systèmes de génération d'énergie électrique. Cette importance se manifeste par le développement du taux d'exploitation dans le réseau électrique. Ce type de système de grande puissance (1.5MW) est basé essentiellement sur la machine Asynchrones à Double Alimentation qui était l'objet de nombreuses investigations dans la recherche. En effet, elle présente plusieurs avantages dont son fonctionnement à vitesse variable mais la présence de convertisseurs entre la génératrice et le réseau nuit au rendement global de l'installation [14].Dans ce chapitre, on va présenter une étude comparative entre deux techniques de commandes utilisés pour le contrôle du système de conversion d'énergie éolienne au niveau de la commande vectorielle de la MADA et de la connexion au réseau. Pour contrôler l'échange de puissance entre la génératrice et le réseau auquel elle est connectée, plusieurs stratégies de commande ont été établies. En effet, on utilise dans un premier temps le régulateur PI classique vu sa simplicité de synthèse. Puis le régulateur par mode glissant du premier ordre qui consiste à amener la trajectoire d'état d'un système vers la surface de glissement.

2.2 Description du système étudié

Notre étude est basée sur le système de conversion d'énergie éolienne à base de la génératrice asynchrone à double alimentation à une vitesse de rotation variable à travers un multiplicateur de vitesse présenté par la figure 2.1. Il est constitué d'une turbine éolienne, une génératrice asynchrone à double alimentation, un bus continu, deux convertisseurs statiques de puissance et un filtre triphasé de courant. En effet, notre système de puissance est composé d'un stator lequel est directement connecté au réseau électrique tandis que le rotor est connecté au réseau via deux convertisseurs statiques bidirectionnels mis en cascade à travers un bus continu.

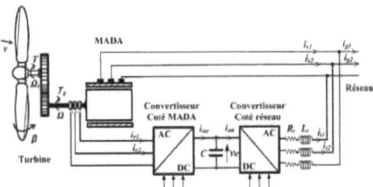

FIGURE 2.1 – Chaine éolienne à base de la MADA

2.3 Modélisation du système de conversion d'énergie éolienne

2.3.1 Modélisation du vent

Pour évaluer le potentiel éolien, la connaissance de la distribution de fréquence de vitesse du vent est un facteur important pour notre étude. Dans ce contexte, on adopte la loi de distribution de Weibull dans lequel la densité de probabilité se présente sous la forme :

$$f(x) = (\frac{K}{C}) \cdot (\frac{V}{C})^{(K-1)} \cdot exp(-(\frac{V}{C})^K) \qquad (2.1)$$

En observant l'expression de la loi de distribution de Weibull, on définit les paramètres suivants :

- K : présente le facteur de forme et caractérise la forme de la distribution de fréquence du vent. En effet, si ce facteur est élevé la distribution est étroite avec des vents concentrés autour d'une valeur, alors qu'une faible valeur indique des vents largement dispersés.
- C : présente le facteur d'échelle et détermine la qualité du vent. En effet, ce facteur est élevé pour des sites ventés et faibles pour les sites peu ventés.

Dans notre cas, on va appliquer à notre turbine une vitesse de vent variable entre 7 et 14 m/s durant 30 s présentée par la figure 2.2. Ce choix du modèle du vent nous aide à présenter les modes de fonctionnement de la MADA et la réversibilité des convertisseurs statiques

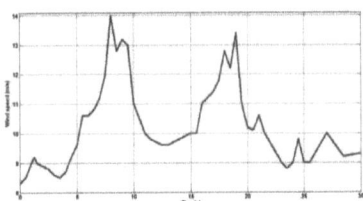

FIGURE 2.2 – Profil du vent

Modélisation d'une chaine de conversion éolienne à vitesse variable à base d'une MADA

2.3.2 Modélisation de la turbine

L'aérogénérateur est un système qui permet de convertir l'énergie cinétique du vent en énergie mécanique à travers un multiplicateur pour adapter la vitesse lente de la turbine à la vitesse rapide de la GADA. On considère pour notre étude, une turbine éolienne munie de pales de longueur R entraînant une génératrice à travers un multiplicateur de vitesse de gain G [15, 16]. La puissance cinétique captée par les pales de la turbine éolienne est donnée par l'expression suivante :

$$P_v = \frac{\rho S V^3}{2} \quad (2.2)$$

Avec :
$S = \pi R^2$
Soit λ la vitesse spécifique s'écrit comme suit :

$$\lambda = \frac{R\Omega_t}{V} \quad (2.3)$$

Le coefficient C_p caractérise le rendement aérodynamique de la turbine et définit la puissance qui peut être extraite lors de la conversion d'énergie cinétique à l'énergie mécanique. Il dépend essentiellement de deux paramètres, à savoir le ratio de la vitesse et l'angle d'orientation des pales.

$$C_p(\lambda, \beta) = C_1(\frac{C_2}{\Lambda_i} - C_3\beta^{\smile}C_4)exp(-\frac{C_5}{\Lambda_i}) + C_6\Lambda \quad (2.4)$$

Avec :

$$\frac{1}{\lambda_i} = \frac{1}{\lambda + 0.08\beta} - \frac{0.035}{\lambda + \beta^3} \quad (2.5)$$

$C1 = 0.5176$; $C2 = 116$; $C3 = 0.4$; $C4 = 5$; $C5 = 21$; $C6 = 0.0068$.

La figure 2.3 présente le point optimal qui correspond à l'angle Beta = 0°. Cette valeur est appelée la limite de Betz qui est le point au maximum de coefficient de puissance. Il est facile de constater que le fonctionnement de l'éolienne pour ces points de fonctionnement permet de maximiser la puissance extraite.

L'énergie aérodynamique convertie par la turbine fait apparaitre la puissance aérodynamique apparaissant au niveau du rotor de la turbine. Elle est donnée par l'expression suivante :

$$P_{aero} = \frac{C_p(\lambda)\rho S V^3}{2} \quad (2.6)$$

De même, l'expression du couple aérodynamique C_{aero} peut être présentée comme suit :

$$C_{aero} = \frac{C_p(\lambda)\rho S V^3}{2\Omega_t} \quad (2.7)$$

Afin de modéliser le multiplicateur de vitesse caractérisé par son gain G, la vitesse mécanique de la MADA est donnée par l'expression suivante :

Modélisation d'une chaine de conversion éolienne à vitesse variable à base d'une MADA

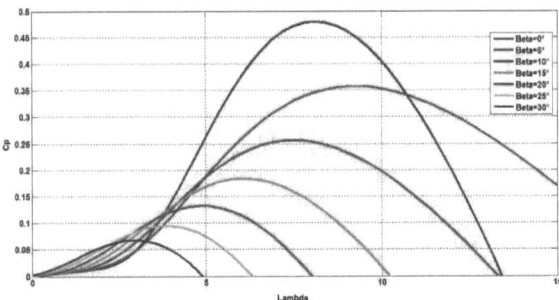

FIGURE 2.3 – Courbe de coefficient de puissance Cp

$$\Omega_t = \frac{\Omega}{G} \quad (2.8)$$

On peut déduire donc le couple mécanique transmis à l'arbre de la MADA :

$$C_{mec} = C_g \smile C_{em} - C_{Vis} \quad (2.9)$$

D'après l'équation fondamentale de la dynamique de notre système, on peut déterminer la vitesse de rotation mécanique de l'arbre de la MADA. Elle dépend du couple mécanique appliqué au rotor de la génératrice C_{mec} :

$$J\frac{d\Omega}{dt} = C_g \smile C_{em} - f\Omega \quad (2.10)$$

Avec :

$$C_{mec} = J\frac{d\Omega}{dt} \quad (2.11)$$

$$C_g = \frac{C_{aero}}{G} \quad (2.12)$$

Le couple frottement visqueux est présenté comme suit :

$$C_{Vis} = f\Omega \quad (2.13)$$

2.3.3 Stratégie de commande par MPPT

La technique d'extraction du maximum de puissance (MPPT) reste le système de contrôle le plus répandu des éoliennes traditionnelles directement connectées au réseau électrique. A l'apparition d'un défaut sur le réseau, cet aérogénérateur doit se déconnecter. Avec cette technique, les systèmes éoliennes n'offrent aucune capacité de réglage quant à leur production et ne peuvent en aucun cas contribuer aux services système. Dans cette partie, nous présenterons la stratégie de commande MPPT sans mesure de vitesse du vent illustré par la figure 2.4. Cette technique doit appliquer un couple de référence de manière à permettre à la MADA de tourner à une vitesse réglable afin d'assurer un point de fonctionnement optimal en terme d'extraction de puissance [17]. Le couple électromagnétique de référence est déterminé à partir l'expression suivante :

$$C_{em-ref} = \frac{C_{aero-estime}}{G} \qquad (2.14)$$

Le couple éolien peut être déterminé comme suit :

$$C_{aero-estime} = C_p \cdot \frac{S\rho V_{estime}^3}{2\Omega_{turbine-estime}} \qquad (2.15)$$

De même, on peut estimer la vitesse de la turbine par l'expression suivante :

$$\Omega_{turbine-estime} = \frac{\Omega}{G} \qquad (2.16)$$

L'estimation de la vitesse du vent est présentée par l'expression suivante :

$$V_{estime} = \frac{\Omega_{turbine-estime} R}{\lambda} \qquad (2.17)$$

Afin d'extraire la puissance maximum générée par la turbine, il faut fixer $\lambda = \lambda_{C_p-max}$ qui correspond au C_{p-max}. En effet, le couple magnétique de référence C_{em-ref} est présenté par l'expression suivante :

$$C_{em-ref} = C_p \cdot \frac{\rho \pi R^5 \Omega^2}{\lambda_{Cp-max}^3 2G^3} \qquad (2.18)$$

Pour des raisons de simplification, le couple électromagnétique de référence peut être défini comme suit :

$$C_{em-ref} = A\Omega^2 \qquad (2.19)$$

Avec :

$$A = C_p \cdot \frac{\rho \pi R^5}{\lambda_{Cp-max}^3 2G^3} \qquad (2.20)$$

En s'appuyant sur l'hypothèse que la vitesse du vent varie très peu en régime permanent, on obtient l'équation statique à partir de l'équation de la turbine :

$$J\frac{d\Omega}{dt} = C_g \check{} C_{em} - f\Omega = C_{em} = 0 \qquad (2.21)$$

En négligeant l'effet du couple frottement visqueux :

$$C_{vis} = 0 \qquad (2.22)$$

On obtient :

$$C_g = C_{em} \qquad (2.23)$$

Modélisation d'une chaine de conversion éolienne à vitesse variable à base d'une MADA

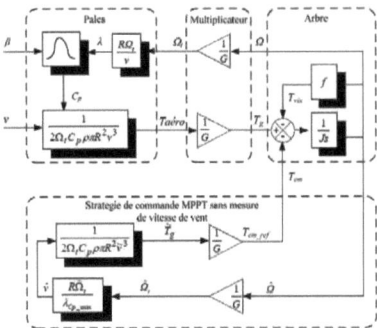

FIGURE 2.4 – Schéma bloc de la stratégie MPPT sans mesure de vitesse du vent

2.3.4 Système d'orientation des pales

Pour des raisons de sécurité, les grandes éoliennes à vitesse variable utilisent le système d'orientation des pales pour ajuster la portance des pales à la vitesse du vent pour maintenir une puissance sensiblement constante (zone 4). En effet, ce système sert essentiellement à limiter la puissance générée par action sur les pales à travers un dispositif de commande appelé « pitch controller ». Afin d'actionner sur les angles d'orientation des pales, on modifie le coefficient de puissance [22]. La figure 2.5 présente l'évolution de la puissance générée par notre système éolien en fonction de la vitesse mécanique. Elle se distingue par quatre zones de fonctionnement, à savoir :

- La zone 1 correspond au démarrage de l'éolienne : celle-ci commence à produire de la puissance à partir de la vitesse de 1050tr/min.

- La zone 2 est la zone pour laquelle la vitesse de la génératrice est adaptée afin d'extraire le maximum de puissance (Maximum Power Point Tracking : MPPT). Ceci est réalisé grâce à un algorithme MPPT permettant d'imposer un couple de référence. Néanmoins, l'angle d'orientation des pales est maintenu constant.

- La zone 3 pour laquelle la vitesse de la génératrice est maintenue constante et égale à1750tr/min. Cette vitesse est imposée par une action sur l'angle d'orientation des pales ou par une régulation en boucle fermée pour permettre un fonctionnement hyper synchrone. Dans ce cas, la puissance fournie au réseau est proportionnelle au couple (d'origine éolien) appliqué.

- La zone 4 correspond à la limitation de la puissance générée à sa valeur maximale (1.5MW) grâce au contrôle de l'angle d'orientation des pales.

Ce système possède les avantages suivants :
- Il assure le contrôle de la puissance pour une large plage de la vitesse du vent.
- Il réduit la prise du vent des pales par freinage de l'éolienne.

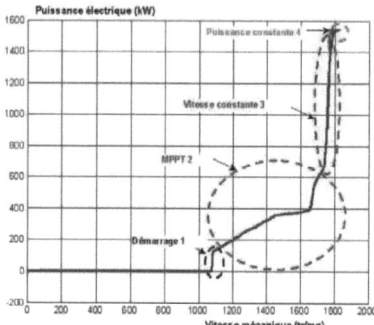

FIGURE 2.5 – diagramme de puissance

2.3.5 Modélisation de la machine asynchrone à double alimentation

La modélisation de la machine asynchrone à double alimentation, illustré par la figure 2.6, est décrite dans le référentiel de PARK. En effet, ce système a pour but de ramener les équations triphasées statoriques et rotoriques à un système continu diphasé à deux axes perpendiculaires direct et en quadrature. Notre travail est basé sur les hypothèses simplificatrices suivantes [16,17] :

- L'entrefer est constant et l'effet encoche est négligeable.
- La distribution des flux est sinusoïdale.
- La saturation du circuit magnétique est négligeable.
- L'influence de l'échauffement et de l'effet de peau sur les caractéristiques de la MADA ne sont pas prises en considération.

Le système d'équation suivant permet d'établir la modélisation globale de la génératrice : Stator :

$$V_{sd} = R_s i_{sd} + \frac{d\Phi_{sd}}{dt} - \Phi_{sq}\omega_s \qquad (2.24)$$

$$V_{sq} = R_s i_{sq} + \frac{d\Phi_{sq}}{dt} + \Phi_{sd}\omega_s \qquad (2.25)$$

Rotor :

$$V_{rd} = R_r i_{rd} + \frac{d\Phi_{rd}}{dt} - \Phi_{rq}\omega_r \qquad (2.26)$$

$$V_{rq} = R_r i_{rq} + \frac{d\Phi_{rq}}{dt} + \Phi_{rd}\omega_r \qquad (2.27)$$

La pulsation rotorique est déduite à partir de la pulsation statorique et la vitesse de rotation :

$$\omega_r = \omega_s - p\omega_m \qquad (2.28)$$

Les équations de flux s'écrivent comme suit :

$$\Phi_{sd} = L_s i_{sd} + M i_{rd} \qquad (2.29)$$

$$\Phi_{sq} = L_s i_{sq} + M i_{rq} \qquad (2.30)$$

$$\Phi_{rd} = L_r i_{rd} + M i_{sd} \qquad (2.31)$$

$$\Phi_{rq} = L_r i_{rq} + M i_{sq} \qquad (2.32)$$

Le couple électromagnétique est présenté comme suit :

$$C_{em} = p \cdot (\Phi_{rq} i_{rd} - \Phi_{rd} i_{rq}) \qquad (2.33)$$

A partir des équations magnétiques, on peut obtenir les expressions des courants en fonction des flux :

$$\begin{pmatrix} i_{sq} \\ i_{rq} \end{pmatrix} = \frac{1}{L_s L_r - M^2} \cdot \begin{pmatrix} L_s & -M \\ -M & L_r \end{pmatrix} \cdot \begin{pmatrix} \Phi_{sq} \\ \Phi_{rq} \end{pmatrix} \qquad (2.34)$$

$$\begin{pmatrix} i_{sd} \\ i_{rd} \end{pmatrix} = \frac{1}{L_s L_r - M^2} \cdot \begin{pmatrix} L_s & -M \\ -M & L_r \end{pmatrix} \cdot \begin{pmatrix} \Phi_{sd} \\ \Phi_{rd} \end{pmatrix} \qquad (2.35)$$

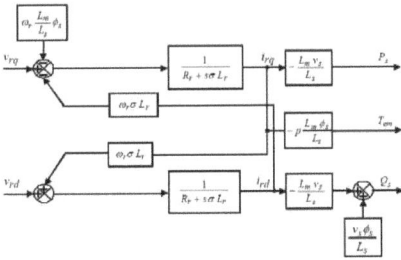

FIGURE 2.6 – Schéma bloc du modèle simplifié de la MADA

2.3.6 Modélisation de la commande vectorielle de la machine asynchrone à double alimentation

Pour réaliser la loi de commande vectorielle de la MADA, illustrée par la figure 2.7, nous avons choisi une orientation du flux statorique suivant l'axe d. Pour cela, le repère d-q est positionné de façon à annuler le flux statorique en quadrature $\Phi_{sq} = 0$ et par la suite le flux statorique est dirigé suivant l'axe d $\Phi_s = \Phi_{sd}$ [18, 23]. En effet, les équations suivantes présentent les tensions statoriques de la MADA :

$$V_{sd} = R_s i_{sd} + \frac{d\Phi_{sd}}{dt} \qquad (2.36)$$

$$V_{sq} = R_s i_{sq} + \Phi_{sd}\omega_s \qquad (2.37)$$

L'interconnexion entre le réseau électrique et le stator de la MADA fait maintenu constant le flux statorique en régime permanent. On obtient alors :

$$\frac{d\Phi_{sd}}{dt} = 0 \qquad (2.38)$$

A partir de l'équation magnétique liant les flux aux courants, on obtient :

$$i_{sd} = \frac{\Phi_{sd} - M i_{rd}}{L_s} \qquad (2.39)$$

$$i_{sq} = \frac{-M i_{rq}}{L_s} \qquad (2.40)$$

Ces deux courants statoriques sont remplacés dans les équations des flux rotoriques, on obtient donc :

$$\Phi_{rd} = L_r \sigma i_{rd} + M i_{sd}\frac{M}{L_s} \qquad (2.41)$$

$$\Phi_{rq} = L_r \sigma i_{rq} \qquad (2.42)$$

Avec :

$$\sigma = 1 - \frac{M^2}{L_s L_r} \qquad (2.43)$$

En remplaçant les équations des flux rotoriques dans les expressions des tensions rotoriques dans les expressions des tensions rotoriques, on obtient les expressions suivantes :

$$V_{rd} = V_{rd1} + e_d \qquad (2.44)$$

$$V_{rq} = V_{rq1} + e_q + e_\Phi \qquad (2.45)$$

Avec :

$$V_{rd1} = R_r i_{rd} + L_r \sigma \frac{dI_{rd}}{dt} \qquad (2.46)$$

$$V_{rq1} = R_r i_{rq} + L_r \sigma \frac{dI_{rq}}{dt} \qquad (2.47)$$

$$e_d = -\omega_r L_r \sigma I_{rq} \qquad (2.48)$$

$$e_q = \omega_r L_r \sigma I_{rd} \qquad (2.49)$$

Modélisation d'une chaine de conversion éolienne à vitesse variable à base d'une MADA

$$e_\Phi = \frac{M}{L_s}\omega_r \Phi_{sd} \tag{2.50}$$

De même, le couple électromagnétique est exprimé par l'expression suivante :

$$C_{em} = -p\Phi_s \frac{M}{L_s} i_{rq} \tag{2.51}$$

Les tensions V_{rd1} et V_{rq1} constituent la base du système à réguler. A partir de ces deux tensions, nous avons déterminé sous forme d'un système de premier ordre la fonction du transfert :

$$\frac{I_{rd}}{V_{rd1}} = \frac{I_{rq}}{V_{rq1}} = \frac{1}{R_r + L_r \sigma s} \tag{2.52}$$

En négligeant la résistance des enroulements statoriques donc la tension statorique d'axe d tend vers zéro. La puissance réactive est exprimée par l'expression suivante :

$$Q_s = V_{sq}I_{sd} - V_{sd}I_{sq} = \frac{V_s}{L_s}\Phi_s - \frac{V_s}{L_s}MI_{rd} \tag{2.53}$$

$$P_s = V_{sd}I_{sd} + V_{sq}I_{sq} = -\frac{V_s}{L_s}MI_{rq} \tag{2.54}$$

On détermine les deux équations du courants rotoriques de référence :

$$I_{rd-ref} = \frac{\Phi_{ref}}{M} - \frac{L_s}{MV_{sq}}Q_{s-ref} \tag{2.55}$$

$$I_{rq-ref} = -\frac{L_s}{p\Phi_{ref}M}Cem-ref \tag{2.56}$$

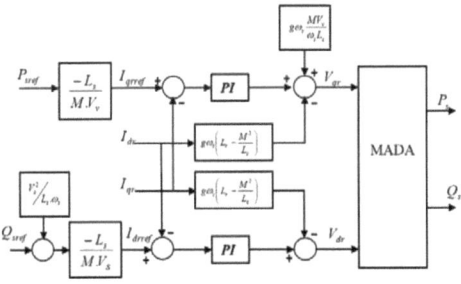

FIGURE 2.7 – Diagramme simplifié de la commande du convertisseur coté MADA dans le cas de la stratégie MPPT

Modélisation d'une chaine de conversion éolienne à vitesse variable à base d'une MADA

2.3.7 Modélisation de bus continu

Pour assurer l'interconnexion entre les deux convertisseurs du système de conversion d'énergie éolien, une capacité mise en place appelée bus continu autorise le transfert de puissance entre deux sources à fréquences différentes. Le calcul de la tension de bus continu est exprimé par l'expression suivante :

$$U_{dc} = \frac{1}{C \Delta T} \int_{t_0}^{\Delta T + t_0} i_c \, dt + V_c(t_0) \qquad (2.57)$$

Avec :

$$i_c = i_1 - i_2 \qquad (2.58)$$

En simplifiant l'expression précédente, on obtient :

$$U_{dc} = \frac{1}{C} \int i_c \, dt \qquad (2.59)$$

Donc :

$$\frac{U_{dc}}{i_c} = \frac{1}{Cs} \qquad (2.60)$$

La tension de bus continu doit être réglée à la tension de référence pour assurer d'une part le bon fonctionnement de notre aérogénérateur et d'autre part la commande des deux convertisseurs de puissance.

2.3.8 Modélisation des convertisseurs de puissance

En s'appuyant sur la configuration générale de notre chaine éolienne, on remarque que le stator de la MADA est directement connecté au réseau électrique tandis que le rotor est connecté au réseau via deux convertisseurs statiques bidirectionnels mis en cascade à travers un bus continu. Donc, on conclut que notre chaine éolienne est basée sur l'électronique de puissance. En général, on trouve deux types de convertisseurs :

- Convertisseur non commandé dont la tension de sortie ne doit pas être ajustable. Il est basé sur les diodes.

- Convertisseur commandé dont la tension de sortie peut-être variable et ajustée par l'opérateur à base de thyristor, MOSFET ou bien IGBT.

Vu que notre génératrice fonctionne à vitesse variable, les convertisseurs (redresseur, onduleur) choisis doivent être commandés pour assurer la stabilité du système par des blocs de régulation mis en place. Dans notre cas, on a choisi la commande par modulation de largeur des impulsions MLI. Ce type de commande se traduit par un contrôle totalement réversible de la puissance instantanée. Il peut contrôler par un autopilotage de la génératrice, les grandeurs électromécaniques telles que le couple C_{em} ou la vitesse de rotation de la génératrice. Les inconvénients de cette structure reposent sur la complexité du montage qui comporte trois bras complets donc six interrupteurs. En effet, une étude comparative dont le but est de choisir la base de notre convertisseur.

Modélisation d'une chaine de conversion éolienne à vitesse variable à base d'une MADA

Convertisseur commandé à base de thyristor

Le thyristor est un interrupteur électronique qui peut être commandé par la gâchette. Un pont triphasé peut comporter six thyristors ou des ensembles de diodes et de thyristors ne sont plus utilisés qu'en forte puissance et lorsqu'il est nécessaire de faire varier les grandeurs électriques en sortie. Cette application présente des inconvénients qu'on ne peut pas surmonter :

- Le taux d'harmoniques est plus élevé (forte pollution CEM).
- Un mauvais facteur de puissance.
- L'électronique de commande est plus complexe.

Convertisseur commandé à base de transistor

Concernant la technologie transistor, elle présente deux familles de structure basée soit par les composants de puissance à base d'IGBT ou bien de MOSFET. Le choix du convertisseur commandé de structure tension à base de transistor présente des avantages suivants :

- Réversibilité en puissance de cette structure.
- Absence d'éléments inductifs de valeurs élevées à la fois encombrants et conduisant à des pertes supplémentaires.
- La structure du convertisseur est classique.

En comparant un convertisseur à base IGBT à un autre à base MOSFET, on trouve que la première structure a beaucoup d'avantages :

- Economiquement moins cher.
- Fréquence de fonctionnement plus faible ($f \prec 150 KHz$).
- Un bon facteur de puissance.
- Respectueux de l'environnement.
- Facilité de la commande.
- Faible perte pendant la commutation.

En conclusion, notre système de conversion d'énergie éolienne est basé sur les convertisseurs commandés (redresseur, onduleur) à base des IGBT. En effet, la même modélisation est valable pour le redresseur et l'onduleur. Ils comportent trois bras d'IGBT dont chacun est formé de deux cellules de commutation montées en série et qui ne fonctionnent pas simultanément. En fait, la commande des interrupteurs est assurée par la commande MLI (modulation par largeur d'impulsions). Elle présente une technique couramment utilisée pour synthétiser des signaux continus par des circuits à fonctionnement tout ou rien, ou plus généralement à états discrets

La technique de commande par la modulation de largeur d'impulsions est un système discret qui présente un avantage lors de commutation par une fréquence constante qui est fixée par la fréquence de l'onde porteuse. Pour modéliser un signal MLI, illustré par la figure 2.9, on doit comparer un signal sinusoïdal à un signal triangulaire puis le résultat sera la commande du premier IGBT par contre on doit comparer le même signal à 1 pour assurer le complément de la première commande.

Modélisation d'une chaine de conversion éolienne à vitesse variable à base d'une MADA

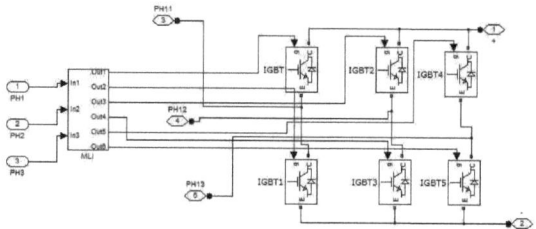

FIGURE 2.8 – Bloc redresseur avec sa commande MLI sous MATLAB/SIMULINK

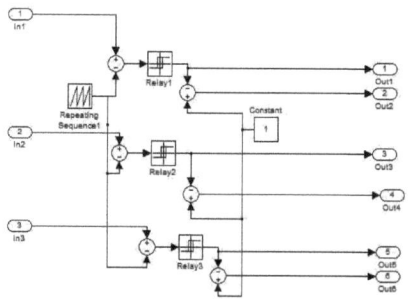

FIGURE 2.9 – Schéma de commande par MLI sous MATLAB/SIMULINK

Modélisation de la commande coté réseau

Pour assurer l'interconnexion entre le rotor et le réseau électrique, un filtre RL est mis en place ayant pour but d'éliminer les harmoniques issues du fonctionnement en communication de l'onduleur. Les équations du filtre connecté au réseau dans le repère de PARK s'expriment par :

$$V_{fd} = V_{fd1} - \omega_s L_f I_{fq} + V_{Rd} \qquad (2.61)$$

Avec :

$$V_{fq} = V_{fq1} + \omega_s L_f I_{fd} + V_{Rq} \qquad (2.62)$$

$$V_{fd1} = R_f I_{fd} + L_f \frac{dI_{fd}}{dt} \qquad (2.63)$$

$$V_{fq1} = R_f I_{fq} + L_f \frac{dI_{fq}}{dt} \qquad (2.64)$$

Les tensions V_{fd1} et V_{fq1} constituent la base du système à réguler. A partir de ces deux tensions, nous avons déterminé sous forme d'un système du premier ordre la fonction de transfert V_{fd1}, I_{fd} et V_{fq1}, I_{fq}

Modélisation d'une chaine de conversion éolienne à vitesse variable à base d'une MADA

$$\frac{I_{fq}}{V_{fq1}} = \frac{I_{fd}}{V_{fd1}} = \frac{1}{R_r + L_r s} \tag{2.65}$$

Dans ce contexte, pour assurer le contrôle de la puissance rotorique, deux convertisseurs de puissance sont mis en cascade. Le premier est utilisé pour maximiser la puissance active et réactive entre le générateur éolien et le réseau en assurant la stabilité de la tension du bus continu indépendamment du sens de transfert de puissance. Ces deux puissances active et réactive échangées à travers le filtre sont exprimées par [19, 20, 23] :

$$P = V_{Rd}I_{fd} + V_{Rq}I_{fq} \tag{2.66}$$

$$Q = V_{Rq}I_{fd} - V_{Rd}I_{fq} \tag{2.67}$$

A partir de ces deux équations, nous avons déterminé les courants I_{fq-ref} et I_{fd-ref} :

$$I_{fq-ref} = \frac{P_{ref}V_{Rq} - Q_{ref}V_{Rd}}{V_{Rd}^2 + V_{Rq}^2} \tag{2.68}$$

$$I_{fd-ref} = \frac{P_{ref}V_{Rd} + Q_{ref}V_{Rq}}{V_{Rd}^2 + V_{Rq}^2} \tag{2.69}$$

Le contrôle des convertisseurs a pour but de réguler la tension du bus continu et de contrôler Les courants rotoriques coté réseau. Comme toute source génératrice connectée au réseau, le facteur de puissance peut être fixé à 1 en imposant simplement une puissance réactive nulle. Pour des raisons simplificatrices, on néglige les pertes dans le filtre de courant, les expressions suivantes peuvent être écrites [25, 26, 31] :

$$V_{Rd} = V_{fd} = V_R \tag{2.70}$$

$$V_{Rq} = V_{fq} = 0 \tag{2.71}$$

Les expressions des puissances actives P_t et réactive Q_t peuvent être simplifiées comme suit :

$$P_f = V_R i_{fd} \tag{2.72}$$

$$Q_f = -V_R i_{fq} \tag{2.73}$$

On déduit donc :

$$I_{fq-ref} = -\frac{Q_{f-ref}}{V_R} \tag{2.74}$$

$$I_{fd-ref} = \frac{P_{f-ref}}{V_R} \tag{2.75}$$

Le bloc diagramme du contrôle des courants rotoriques côté réseau est indiqué dans la figure 2.10.

Modélisation d'une chaine de conversion éolienne à vitesse variable à base d'une MADA

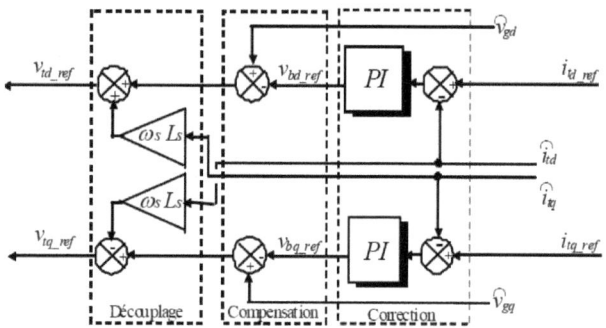

FIGURE 2.10 – Diagramme de contrôle des courants des convertisseurs coté réseau

2.4 Synthèse des commandes pour une chaine éolienne

2.4.1 Contexte de travail

Dans notre étude, les techniques de commande de la chaine de conversion d'énergie éolienne sont structurées autour de deux types de régulateurs. En effet, nous allons comparer le régulateur proportionnel intégrateur PI et la commande par mode glissant du premier ordre. Cette comparaison est basée sur l'analyse de performances en termes de poursuite, de stabilité aux perturbations et de robustesse. Dans ce contexte, ces régulateurs sont utilisés pour la commande vectorielle de la MADA, le contrôle de bus continu et la commande du convertisseur coté réseau.

2.4.2 Synthèse de la commande classique : régulateur PI

Généralement, la plupart des systèmes de régulation industrielle utilise le régulateur PI vu sa simplicité de synthèse. Il peut être présenté par la forme suivante :

$$C = K_p + \frac{K_i}{s} \tag{2.76}$$

Soit la fonction de transfert H :

$$G(s) = \frac{Y_0}{Y_1} = \frac{1}{a + bs} \tag{2.77}$$

Soit le bloc de régulation présenté par la figure 2.11 :
En boucle fermée, la fonction de transfert est exprimée par l'expression suivante :

$$FTBF = \frac{1 + \frac{K_p}{K_i}s}{1 + \frac{K_p+a}{K_i}s + \frac{b}{K_i}s^2} \tag{2.78}$$

Modélisation d'une chaine de conversion éolienne à vitesse variable à base d'une MADA

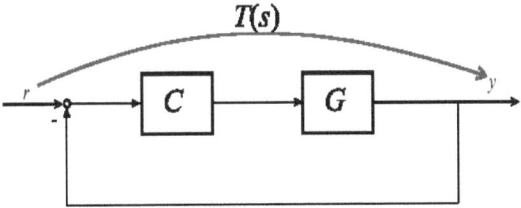

FIGURE 2.11 – Schéma bloc de régulation en boucle fermée

Tableau 2.1 – Paramètres de régulateur PI

Paramètres	K_p	K_i
I_{rd} et I_{rq}	$2\zeta L_r \sigma W_n - R_r$	$L_r \sigma (W_n)^2$
U_{dc}	$2\zeta C_{dc}.W_n$	$C_{dc}(W_n)^2$
I_{fd} et I_{fq}	$2\zeta L_f W_n - R_f$	$L_f(W_n)^2$

Pour déterminer les paramètres du correcteur PI, K_p et K_i, notre étude consiste à identifier le dénominateur de la FTBF avec le polynôme caractéristique suivant :

$$P = 1 + \frac{2\zeta}{\omega_n}s + \frac{1}{\omega_n^2}s^2 \qquad (2.79)$$

Avec :
ζ : Coefficient d'amortissement (sans unité) ω_0 : Pulsation propre des oscillations non amorties On Obtient :

$$K_p = 2\zeta b\omega_n - a \qquad (2.80)$$
$$K_i = b\omega_n^2 \qquad (2.81)$$

Afin de déterminer le temps de réponse du système de second ordre, deux conditions doivent être prises en compte :

$$\zeta = \frac{\sqrt{2}}{2} \qquad (2.82)$$
$$t_r \omega_n = 3 \qquad (2.83)$$

En traitant notre chaine éolienne, on obtient trois blocs de régulation. Le premier correspond à la régulation des courants I_{rd} et I_{rq}, le deuxième pour la régulation du bus continu U_{dc} et le troisième correspond à la commande des courants côté réseau. Le tableau 2.1 illustre les paramètres de régulateur PI.

2.4.3 Synthèse de la commande non linéaire : commande par mode glissant

La technique de commande par mode glissant offre plusieurs avantages, à savoir la réponse du système est insensible, la robustesse face aux effets troubles de la charge et aux perturbations et la liberté du choix de la surface de commutation [36, 38].

Conception de la commande par mode de glissement

La stratégie de commande par mode glissant consiste à amener la trajectoire d'état d'un système vers la surface de glissement et de la faire commuter à l'aide d'une logique de commutation approprié autour de celle-ci jusqu'au point d'équilibre. Cette technique présente plusieurs avantages tels que la haute précision, la stabilité, la simplicité, le faible temps de réponse et notamment la robustesse. Pour étudier la commande par mode glissant, il s'agit tout d'abord de définir une surface dite de glissement, illustrée par la figure 2.12, qui représente la dynamique désirée, puis l'établissement des conditions de la convergence. Enfin, synthétiser la loi de commande qui doit agir sur le système en deux phases. En effet, tout d'abord on force le système à rejoindre cette surface, puis on doit assurer le maintien de glissement le long de cette surface pour atteindre l'origine du plan de phase comme montré sur la figure [39, 40].

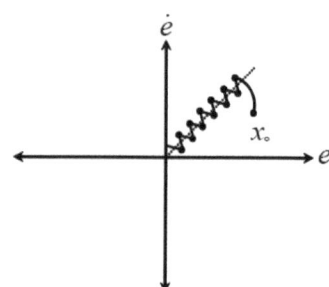

FIGURE 2.12 – Plan surface de la commande par mode glissant

Dans le plan de phase, la trajectoire comporte trois modes distincts, à savoir le mode de convergence, le mode de glissement et le mode de régime permanent. Concernant le premier mode, la variable à réguler se déplace à partir de n'importe quel point du plan de phase vers la surface de commutation $S(x) = 0$ et l'atteint dans un temps fini. Il est caractérisé par la loi de commande et le critère de convergence. Durant le deuxième mode, la variable d'état atteint la surface glissante et tend vers l'origine du plan de phase. La dynamique dans ce mode est caractérisée par le choix de la surface de glissement $S(x) = 0$. Il est important dans la commande non linéaire puisqu'il a pour rôle d'éliminer les effets d'imprécision et de perturbation sur le modèle. Le troisième mode est ajouté pour l'étude de la réponse du système autour de son point d'équilibre. En fait, il caractérise la qualité et la performance de la commande. Il est utilisé spécialement pour l'étude des systèmes non linéaires. L'étude de cette technique de commande peut être divisée en trois étapes principales, à savoir le choix de la surface de glissement, l'établissement des conditions d'existence et de convergence et la détermination de la loi de commande [39].

Modélisation d'une chaine de conversion éolienne à vitesse variable à base d'une MADA

Choix des surfaces de glissement

On considère le modèle d'état suivant :
$(\dot{x}) = (A) \cdot (x) + (B) \cdot (U)$
Où $[x] \in R^n$ est le vecteur d'état, $[U] \in R^m$ le vecteur de commande, avec $n \succ m$. Généralement, le choix du nombre des surfaces de glissement est égal à la dimension du vecteur de commande $[U]$. Pour assurer la convergence d'une variable d'état X vers sa valeur de référence x_d, plusieurs travaux proposent la forme générale suivante :

$$S(x) = (\frac{d}{dx} + \delta)^{r-1} e(x) \quad (2.84)$$

Avec : δ : Gain positif
$e(x) = x_d \cdot x$
r : degré relatif, c'est le plus petit entier positif représentant le nombre de fois qu'il faut dériver afin de faire apparaître la commande, tel que $\frac{\partial S}{\partial U} \neq 0$ assurant la contrôlabilité.

Condition de convergence

Pour permettre aux dynamiques du système de converger vers la surface de glissement et d'y rester indépendamment de la perturbation, les conditions d'existence et de convergence doivent être appliquées. En effet, nous devons retenir deux conditions : la fonction directe de commutation et la fonction de LYAPUNOV. En fait, la première condition présente l'approche la plus ancienne et directe, elle a été proposée et étudiée par Emilyanov et Utkin. Elle est globale mais ne garantit pas, en revanche, un temps d'accès fini. Pour assurer la convergence du système à étudier vers la surface de glissement, nous retenons la condition suivante qui correspond au mode de convergence [40] :

$$S(x)\dot{S}(x) \prec 0 \quad (2.85)$$

En s'appuyant sur la fonction de Lyapunov présenté par la fonction scalaire positive $V(x) \succ 0$ pour les variables d'état du système, avec $\dot{V}(x) \succ 0$. D'une façon générale, cette fonction est utilisée pour garantir la stabilité des systèmes non linéaires. Nous définissons donc la fonction de Lyapunov par :

$$V(x) = \frac{1}{2} S(x)^2 \quad (2.86)$$

Et sa dérivée par :

$$\dot{V}(x) = \dot{S}(x) S(x) \quad (2.87)$$

Pour assurer la convergence de la fonction de Lyapunov vers zéro, il suffit d'assurer que :

$$\dot{S}(x) S(x) \prec 0 \quad (2.88)$$

On remarque donc l'expression précédente montre que le carré de la distance vers la surface, mesurée par $S(x)^2$, diminue tout le temps, contraignant la trajectoire du système à se diriger vers la surface des deux côtés.

Modélisation d'une chaine de conversion éolienne à vitesse variable à base d'une MADA

Détermination de la loi de commande

(a). La commande équivalente :

Dans le cas de la commande des systèmes électriques, deux types de structures très répandues, la commande par relais et la commande équivalente. En effet, pour satisfaire les conditions d'atteinte de la surface $S(x)$, une action de la commande discontinue U_n est ajoutée à la commande par relais. Dans ces conditions, l'algorithme de commande est écrit comme suit :

$$U = U_n + U_{eq} \qquad (2.89)$$

Avec : U : Grandeur de commande, U_{eq} : Grandeur de commande équivalente, U_n : Terme de commutation de commande, La commande équivalente est déterminée durant la phase de glissement et la phase du régime permanent en identifiant que $S(x) = 0$, et par conséquent $\dot{S}(x) = 0$ et $U_n = 0$. Dans ces conditions la solution est présentée par :

$$U_{eq} = -(\frac{\partial S}{\partial x}B(x))^{-1}\frac{\partial S}{\partial x}A(x) \qquad (2.90)$$

Avec :
$$(\frac{\partial S}{\partial x}B(x)) \neq 0 \qquad (2.91)$$

(b). La commande discontinue de base :

La commande U_n est définie durant le mode de convergence et doit satisfaire à la condition $\dot{S}.S \prec 0$. Afin de satisfaire cette condition, le signe de U_n doit être opposé à celui de $(S(x,t)(\frac{\partial S}{\partial x}B(x,t))$. La commande U_n est donnée par la forme de base qui est celle d'un relais représenté par la fonction sign :

$$U_n = K sign(S(x)) \qquad (2.92)$$

Avec K présente un gain positif
$sign(S(x)) = +1$ si $S(x) \succ 0$
$sign(S(x)) = -1$ si $S(x) \prec 0$

Cependant, l'utilisation de la commande de type relais peut provoquer des dynamiques indésirables caractérisées par le phénomène de chattring. Pour réduire ou éliminer ce problème, de nombreuses études ont été effectuées par exemple la technique par limitation de la condition de glissement, par observateur, etc. La première solution est la plus utilisée pour les applications en temps réel. Par conséquent, ils sont basés sur la définition d'une zone autour de la surface S, à l'intérieur de laquelle une condition de glissement moins stricte que la condition signe est appliquée. De plus, la fonction sign(S) dans la partie du glissement de la commande est souvent remplacée par un terme à variation plus douce, par exemple : la commande avec un seuil, la commande adoucie, la commande intégrale et la commande SAT.

Modélisation d'une chaine de conversion éolienne à vitesse variable à base d'une MADA

Application de la commande par mode glissant sur une chaine éolienne

Notre étude se focalise sur la commande non linéaire d'une chaine de conversion d'énergie éolienne par la commande par mode glissant présentée par la figure 2.13. Elle est basée sur l'analyse des performances en termes de poursuite, de stabilité aux perturbations et de robustesse. En effet, notre commande est utilisée pour la commande vectorielle de la MADA, le contrôle de bus continu ainsi la commande du convertisseur coté réseau.

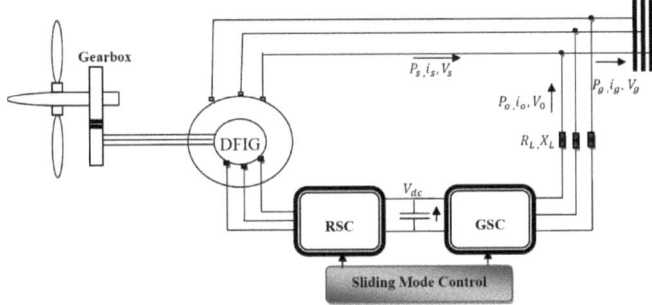

FIGURE 2.13 – Configuration du système à étudier sous la commande par mode glissant

(a). Stratégie de commande par mode glissant coté MADA :

Notre étude s'intéresse sur la commande par mode glissant du premier ordre. En effet, on va commencer notre étude par la commande MADA illustrée par la figure 2.14.

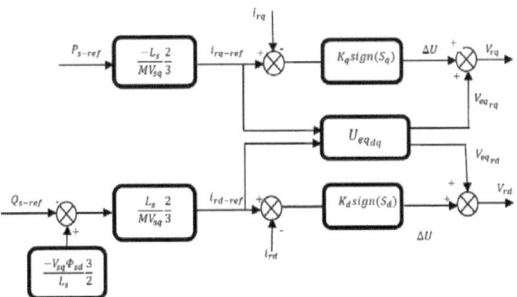

FIGURE 2.14 – Stratégie de commande par mode glissant coté MADA

Pour contrôler les courants rotoriques, on prend $r = 1$. En effet, l'expression de la surface de contrôle des courants rotoriques directs et en quadrature est de la forme :

51

Modélisation d'une chaine de conversion éolienne à vitesse variable à base d'une MADA

$$S(I_{rq}) = I_{rq-ref} - I_{rq} \quad (2.93)$$

$$S(I_{rd}) = I_{rd-ref} - I_{rd} \quad (2.94)$$

La dérivée de la surface est :

$$\dot{I}_{rq} = \dot{I}_{rq-ref} - \dot{I}_{rq} \quad (2.95)$$

$$\dot{I}_{rd} = \dot{I}_{rd-ref} - \dot{I}_{rd} \quad (2.96)$$

Soit le système suivant :

$$V_{rd} = R_r i_{rd} + \frac{d\Phi_{rd}}{dt} - \Phi_{rq}\omega_r \quad (2.97)$$

$$V_{rq} = R_r i_{rq} + \frac{d\Phi_{rq}}{dt} + \Phi_{rd}\omega_r \quad (2.98)$$

$$\Phi_{rd} = L_r i_{rd} + M i_{sd} \quad (2.99)$$

$$\Phi_{rq} = L_r i_{rq} + M i_{sq} \quad (2.100)$$

Avec :

$$i_{sd} = \frac{\Phi_{sd} - M i_{rd}}{L_s} \quad (2.101)$$

$$i_{sq} = -\frac{M i_{rq}}{L_s} \quad (2.102)$$

$$\omega_r = g\omega_s \quad (2.103)$$

- Contrôle du courant rotorique selon l'axe d :

$$V_{rd} = R_r i_{rd} + \frac{d(L_r i_{rd} + M i_{sd})}{dt} - (L_r i_{rq} + M i_{sq})\omega_r \quad (2.104)$$

$$V_{rd} = R_r i_{rd} + \frac{d}{dt}(L_r i_{rd} + M \frac{\Phi_{sq} - M i_{rd}}{L_s}) - (L_r i_{rq} - M \frac{M i_{rq}}{L_s})\omega_r \quad (2.105)$$

$$V_{rd} = R_r i_{rd} + (L_r \dot{i}_{rd} - M \cdot \frac{M \dot{i}_{rd}}{L_s}) - (L_r i_{rq} - M \frac{M i_{rq}}{L_s})\omega_r \quad (2.106)$$

Avec :

$$\sigma = 1 - \frac{M^2}{L_s L_r} \quad (2.107)$$

$$V_{rd} = R_r i_{rd} + \dot{i}_{rd} L_r (1 - \frac{M^2}{L_r L_s}) - i_{rq} L_r (1 - \frac{M^2}{L_r L_s})\omega_r \quad (2.108)$$

$$V_{rd} = R_r i_{rd} + \dot{i}_{rd} L_r \sigma - i_{rq} L_r \sigma \omega_r \quad (2.109)$$

$$\dot{i}_{rd} = \frac{1}{L_r \sigma} \cdot V_r d - \frac{1}{\tau_r \sigma} \cdot i_{rd} + i_{rq}\omega_r \quad (2.110)$$

Modélisation d'une chaine de conversion éolienne à vitesse variable à base d'une MADA

Avec :

$$S(\dot{I}_{rq}) = \dot{I}_{rd-ref} - \frac{1}{L_r\sigma}V_{rd} - \frac{1}{\tau_r\sigma} \cdot i_{rd} - i_{rq}\omega_r \quad (2.111)$$

$$V_{rd} = V_{rd.eq} + V_{rd.n} \quad (2.112)$$

$$S(\dot{I}_{rq}) = \dot{I}_{rd-ref} - \frac{1}{L_r\sigma} \cdot (V_{rd.eq} + V_{rd.n}) + \frac{1}{tau_r\sigma} \cdot i_{rd} \check{\ } i_{rq}\omega_r \quad (2.113)$$

Durant le mode de glissement et en régime permanent, on a

$$S(\dot{I}_{rd}) = 0 \quad (2.114)$$
$$S(I_{rd}) = 0 \quad (2.115)$$

Donc :

$$V_{rd.n} = 0 \quad (2.116)$$
$$V_{rd.eq} = L_r\sigma \dot{I}_{rd-ref} + \frac{1}{R_r} \cdot i_{rd} - i_{rq}g\omega_s L_r\sigma \quad (2.117)$$

Durant le mode de convergence, pour que la condition :

$$S(\dot{I}_{rd}) \cdot S(I_{rd}) \prec 0 \quad (2.118)$$

Soit vérifiée, on pose : Selon le théorème de Lyapunov
Si $S(\dot{I}_{rd}) \prec 0$ donc $S(I_{rd}) \succ 0$

$$V_{rd.eq} = K_{V_{rd}} sign(S(I_{rd})) \quad (2.119)$$

$$K_{vrd} \succ |\sigma L_r \dot{I}_{rq-ref} + (\frac{1}{\tau_r} + \frac{M^2}{L_r L_s \tau_s})L_r i_{rq} + \sigma L_r g\omega_s i_{rd}| \quad (2.120)$$

Soit :
$$K_{vrd} \succ |(\frac{1}{\tau_r} + \frac{M^2}{L_r L_s \tau_s})L_r i_{rq} + \sigma L_r g\omega_s i_{rd}| \quad (2.121)$$

• Contrôle du courant rotorique selon l'axe q :

$$V_{rq} = R_r i_{rq} + \frac{d}{dt}(L_r i_{rq} - \frac{M^2 i_{rq}}{L_s}) + (L_r i_{rd} + M \cdot \frac{\Phi_s d\check{\ } M i r d}{L_s})\omega_r \quad (2.122)$$

$$V_{rq} = R_r i_{rq} + L_r \dot{i}_{rq} - \frac{M^2 \dot{i}_{rq}}{L_s} + \omega_r L_r i_{rd} + \omega_r M \cdot \frac{\Phi_{sd}}{L_s} - \omega_r \cdot \frac{M^2 i_{rd}}{L_s} \quad (2.123)$$

$$V_{rq} = R_r i_{rq} + L_r \dot{i}_{rq}(1 - \frac{M^2}{L_r L_s}) + \omega_r L_r i_{rd}(1 - \frac{M^2}{L_r L_s}) + \omega_r M \frac{\Phi_{sd}}{L_s} \quad (2.124)$$

Modélisation d'une chaine de conversion éolienne à vitesse variable à base d'une MADA

$$V_{rq} = L_r \dot{i}_{rq}\sigma + R_r i_{rq} + \omega_r L_r i_{rd}\sigma + \omega_r M \frac{\Phi_{sd}}{L_s} \quad (2.125)$$

$$\dot{i}_{rq} = \frac{1}{\sigma L_r}V_{rq} - \frac{1}{\sigma \tau_r}i_{rq} \check{} g\omega_s i_{rd} - \frac{g\omega_s M \Phi_{sd}}{\sigma L_r L_s} \quad (2.126)$$

$$\dot{i}_{rq} = -\frac{i_{rq}}{\sigma}(\frac{1}{\tau_r} + \frac{M^2}{L_r \tau_s L_s}) + \frac{1}{\sigma L_r}V_{rq}\check{} g\omega_s i_{rd} \quad (2.127)$$

$$S(\dot{I}_{rq}) = \dot{I}_{ref-rq} + \frac{I_{rq}}{\sigma}(\frac{1}{\tau_r} + \frac{M^2}{L_r \tau_s L_s}) - \frac{1}{\sigma L_r}V_{rq} + g\omega_s i_{rd} \quad (2.128)$$

$$S(\dot{I}_{rq}) = \dot{I}_{ref-rq} + \frac{I_{rq}}{\sigma}(\frac{1}{\tau_r} + \frac{M^2}{L_r \tau_s L_s}) - \frac{1}{\sigma L_r}(V_{rq.eq} + V_{rq.n}) + g\omega_s i_{rd} \quad (2.129)$$

Durant le mode de glissement et en régime permanent, on a

$$S(\dot{I}_{rq}) = 0 \quad (2.130)$$
$$S(I_{rq}) = 0 \quad (2.131)$$

Donc :

$$V_{rd.n} = 0 \quad (2.132)$$

$$V_{rq.eq} = \sigma L_r \dot{i}_{rq-ref} + (\frac{1}{\tau_r} + \frac{M^2}{L_r \tau_s L_s})L_r i_{rq} + \sigma L_r g\omega_s i_{rd} \quad (2.133)$$

Durant le mode de convergence, pour que la condition :

$$S(\dot{I}_{rq}) \cdot S(I_{rq}) \prec 0 \quad (2.134)$$

Soit vérifiée, on pose : Selon le théorème de Lyapunov
Si : $S(\dot{I}_{rq}) \prec 0$ donc $S(I_{rq}) \succ 0$
Si : $S(\dot{I}_{rq}) \succ 0$ donc $S(I_{rq}) \prec 0$

$$V_{rq.eq} = K_{V_{rq}} sign(S(I_{rq})) \quad (2.135)$$

$$K_{vrq} \succ |L_r \sigma \dot{I}_{rd-ref} + \frac{1}{R_r}i_{rd}\check{} g\omega_s L_r \sigma i_{rq}| \quad (2.136)$$

Soit : $I_{rq-ref} = cte$

$$K_{vrq} \succ |\frac{1}{R_r}i_{rd}\check{} g\omega_s L_r \sigma i_{rq}| \quad (2.137)$$

(b). Stratégie de commande par mode glissant coté réseau :

Dans cette partie, on s'intéresse à la modélisation de la stratégie de commande par mode glissant coté réseau présentée par la figure 2.15.
Pour contrôler les courants coté réseau, on prend $r = 1$. En effet, l'expression de la surface de contrôle des courants rotoriques directe et en quadrature est de la forme :

Modélisation d'une chaine de conversion éolienne à vitesse variable à base d'une MADA

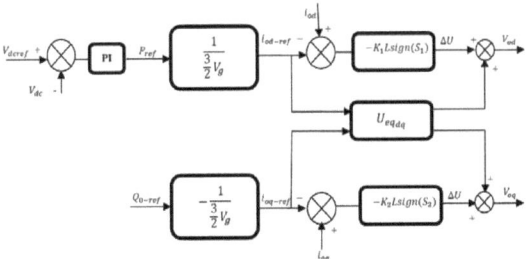

FIGURE 2.15 – Stratégie de commande par mode glissant coté réseau

- Contrôle du courant rotorique filtré selon l'axe d :

L'expression de la surface de contrôle des courants coté filtre s'expriment de la forme :
$$S(I_{fq}) = I_{fq-ref} - I_{fq} \tag{2.138}$$
La dérivée de la surface est :
$$S(\dot{I}_{fd}) = \dot{I}_{fq-ref} - \dot{I}_{fq} \tag{2.139}$$
Soit l'équation suivante :
$$V_{fq} = R_f i_{fq} + L_f \frac{dI_{fq}}{dt} + \omega_s L_f I_{fd} + V_{Rq} \tag{2.140}$$
De même :
$$\dot{I}_{fq} = \frac{1}{L_f}(V_{fq} - V_{Rq}) - \frac{1}{\tau_r} I_{fq} - \omega_s I_{fd} \tag{2.141}$$
Cette étude est basée sur la commande vectorielle de la tension selon l'axe d, cela implique que $V_{Rd} = |V_R|$ et $V_{Rq} = 0$
$$\dot{I}_{fq} = \frac{1}{L_f} V_{fq} - \frac{1}{\tau_r} I_{fq} - \omega_s I_{fd} \tag{2.142}$$

$$S(I_{fq}) = I_{fq-ref} - I_{fq} \tag{2.143}$$

$$S(\dot{I}_{fq}) = \dot{I}_{fq-ref} - \dot{I}_{fq} \tag{2.144}$$

$$S(\dot{I}_{fq}) = \dot{I}_{fq-ref} - \frac{1}{L_f} V_{fq} + \frac{1}{\tau_r} I_{fq} + \omega_s I_{fd} \tag{2.145}$$

Durant le mode de glissement et en régime permanent, on a

55

Modélisation d'une chaine de conversion éolienne à vitesse variable à base d'une MADA

$$S(\dot{I}_{fq}) = 0 \qquad (2.146)$$

$$I_{fq} = 0 \qquad (2.147)$$

$$V_{fq.n} = V_{fq.eq} + V_{fq.n} \qquad (2.148)$$

donc $V_{fq.n} = 0$

$$V_{fq.eq} = L_f \dot{I}_{fq-ref} + R_f I_{fq} + L_f \omega_s I_{fd} \qquad (2.149)$$

Durant le mode de convergence, pour que la condition :

$$S(\dot{I}_{fq}) \cdot S(I_{fq}) \prec 0 \qquad (2.150)$$

Selon le théorème de Lyapunov, on pose Si : $S(\dot{I}_{fq}) \prec 0$ donc $S(I_{fq}) \succ 0$

$$V_{fq-eq} = K_{V_{fq}} sign(S(I_{fq})) \qquad (2.151)$$

$$K_{vfq} \succ |L_f \dot{I}_{fq-ref} + R_f I_{fq} + L_f \omega_s I_{fd}| \qquad (2.152)$$

Soit :
$I_{fq-ref} = Cte$

$$K_{vfq} \succ |R_f I_{fq} + L_f \omega_s I_{fd}| \qquad (2.153)$$

- Contrôle du courant rotorique filtré selon l'axe q :

$$S(I_{rd}) = I_{fd-ref} - I_{fd} \qquad (2.154)$$

La dérivée de la surface est :

$$S(\dot{I}_{fd}) = \dot{I}_{fd-ref} - \dot{I}_{fd} \qquad (2.155)$$

Soit le système suivant :

$$V_{fd} = R_f I_{fd} + L_f \frac{dI_{fd}}{dt} - \omega_s L_f I_{fq} + V_{Rd} \qquad (2.156)$$

De même :

$$\dot{I}_{fd} = \frac{1}{L_f}(V_{fd} - V_{gd}) - \frac{1}{\tau_r} I_{fd} + \omega_s I_{fq} \qquad (2.157)$$

Cette étude est basée sur la commande vectorielle de la tension selon l'axe d, cela implique que $V_{Rd} = V_g$ et $V_{Rq} = 0$

$$\dot{I}_{fd} = \frac{1}{L_f}(V_{fd} - V_g) - \frac{1}{\tau_r} I_{fd} + \omega_s I_{fq} \qquad (2.158)$$

$$S(I_{fd}) = I_{fd-ref} - I_{fd} \quad (2.159)$$

$$S(\dot{I}_{fd}) = \dot{I}_{fd-ref} - \dot{I}_{fd} \quad (2.160)$$

$$S(\dot{I}_{fd}) = \dot{I}_{fd-ref} - \frac{1}{L_f}(V_{fd} \check{} V_g) + \frac{1}{\tau_r}I_{fd} - \omega_s I_{fq} \quad (2.161)$$

Durant le mode de glissement et en régime permanent, on a :

$$S(\dot{I}_{fd}) = 0 \quad (2.162)$$

$$S(I_{fd}) = 0 \quad (2.163)$$

$$V_{fd.n} = V_{fd.eq} + V_{fd.n} \quad (2.164)$$

Donc : $V_{fd.n} = 0$

$$V_{fd.eq} = L_f \dot{I}_{fd-ref} + R_f I_{fd} \check{} L_f \omega_s I_{fq} + V_R \quad (2.165)$$

Durant le mode de convergence, pour que la condition :

$$S(\dot{I}_{fd}) \cdot S(I_{fd}) \prec 0 \quad (2.166)$$

Selon le théorème de Lyapunov, on pose
$S(\dot{I}_{fq}) \succ 0$ donc $S(I_{fq}) \prec 0$

$$V_{fd.eq} = K_{V_{fd}} sign(S(I_{fd})) \quad (2.167)$$

$$K_{vfd} \succ |L_f \dot{I}_{fd-ref} + R_f I_{fd} - L_f \omega_s I_{fq} + V_R| \quad (2.168)$$

Soit : $I_{fd.ref} = Cte$

$$K_{vfd} \succ |R_f I_{fd} - L_f \omega_s I_{fq} + V_R| \quad (2.169)$$

2.5 Résultats de simulation et analyse de performance

La figure 2.16 illustre la vitesse mecanique qui suit l'allure du vent.

La figure 2.17 correspond à la vitesse mécanique avec une limitation qui est due à la variation de l'angle de calage des pales. Suite à cette variation de l'angle de l'orientation des pales, le coefficient de puissance diminue.

La figure 2.18 décrit le bon fonctionnement de la MADA dans les deux modes de fonctionnement et la réversibilité des deux convertisseurs de puissance lors de changement aux niveaux des courants rotoriques. En effet, au cours du fonctionnement en mode hyposynchrone (la vitesse mécanique inférieure à la vitesse de synchronisme), le rotor absorbe la puissance du réseau. Dans le cas contraire (mode hypersynchrone)

Modélisation d'une chaine de conversion éolienne à vitesse variable à base d'une MADA

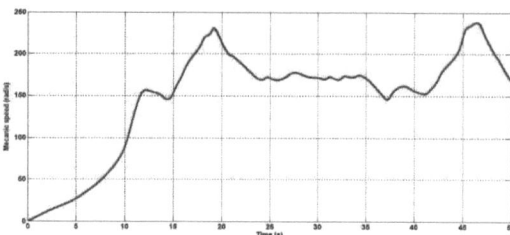

FIGURE 2.16 – Vitesse mécanique

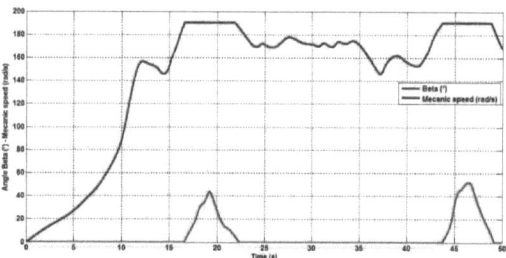

FIGURE 2.17 – Vitesse mécanique et angle de calage des pales

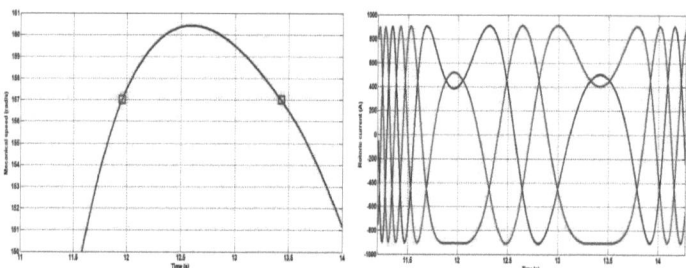

FIGURE 2.18 – Vitesse mécanique et Courant rotorique de la MADA

où la vitesse mécanique est supérieure à la vitesse de synchronisme, le rotor injecte la puissance au réseau

En observant la figure 2.19, on remarque la présence d'un signal perturbé formé par un signal de fréquence fondamental ($f = 50$ Hz) et d'autres signaux. En effet, le Spectre d'harmonique en amont de filtre présente les ordres des harmoniques qui dérangent la tension à la sortie de l'onduleur, en plaçant un spectre d'harmonique à la sortie de l'onduleur pour évaluer la qualité d'onde de tension.

Le résultat obtenu par le spectre nous inspire la cause des bruits dans l'allure

Modélisation d'une chaine de conversion éolienne à vitesse variable à base d'une MADA

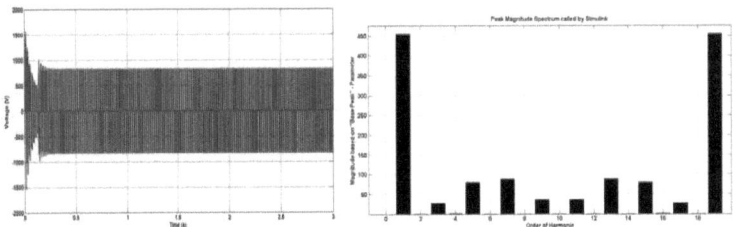

FIGURE 2.19 – Allure de tension non filtré et Spectre d'harmonique en amont de filtre

de tension car ce sont les harmoniques de rang élevé ($k = 2$ jusqu'à $k = 19$) qui génèrent l'allure de tension.

$$V(t) = E\frac{4}{n}\sum_{K=0}^{n}\frac{1}{2k+1}sin(2K+1)\omega t \qquad (2.170)$$

avec $n = 2k + 1$ est impaire.

Cette équation illustre les signaux de tension formant l'allure présentée précédemment.

Pour minimiser l'effet des harmoniques, un filtre doit être placé sur l'installation dont le rôle est d'éliminer les fréquences parasites indésirables et d'isoler dans un système complexe la ou les bandes de fréquences utiles. Dans notre cas, on va utiliser un filtre passif de type RL. En observant le spectre d'harmonique prit à la sortie du filtre, la totalité des fréquences au-delà de la fréquence fondamentale f = 50Hz sont éliminés. Donc l'allure de tension à la sortie du filtre présentée par la figure 2.20 :

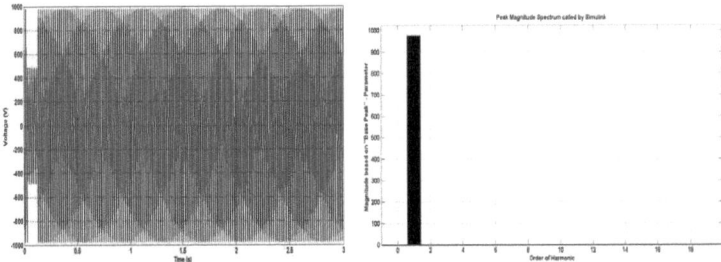

FIGURE 2.20 – Allure de tension filtrée et spectre des harmoniques en aval du filtre

Afin d'évaluer les performances de la stratégie de commande proposée pour le système de conversion d'énergie éolienne à base d'une MADA, on a recours à faire une comparaison de performance entre le régulateur PI classique et la commande par mode glissant du premier ordre.

La figures 2.21 présente la tension de bus continu réglée à la tension de référence fixée à 1000V dans les deux systèmes de régulation. En effet, malgré la fluctuation de

Modélisation d'une chaine de conversion éolienne à vitesse variable à base d'une MADA

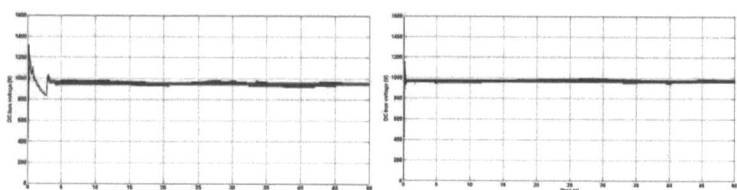

FIGURE 2.21 – Tension de bus continu par PI classique et SM contrôller

vent, V_{dc} reste quasi stationnaire. En traitant l'aspect dynamique des deux systèmes, on remarque que le système utilisant PI comme régulateur présente un dépassement au départ du cycle d'une part, et un taux de perturbation remarquable par apport au système utilisant la commande par mode glissant. Par conséquent, la commande par mode glissant a éliminé le dépassement et a minimisé les effets de perturbation. Il prouve donc la robustesse de la commande en mode glissant par rapport à PI. Nous mentionnons que le régulateur PI est plus sensible à la variation du vent par rapport au mode glissant.

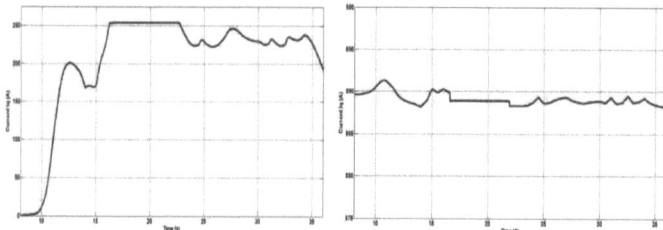

FIGURE 2.22 – Courant I_{rd} et I_{rq} en amont du filtre par la commande PI

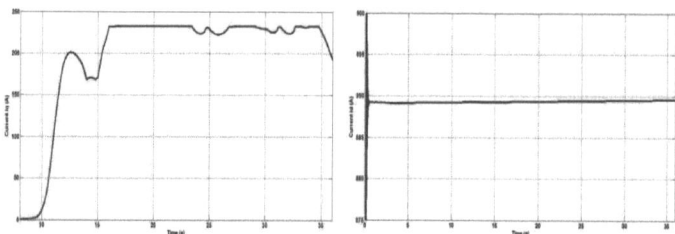

FIGURE 2.23 – Courant I_{rd} et I_{rq} en amont du filtre par la commande SMC

Les figures 2.22 et les figures 2.23 présentent les allures des courants rotoriques I_{rdq} en amont du filtre dans les deux systèmes. En traitant ces allures, on remarque

que l'erreur statique avec le SMC est significativement inférieure à celle d'un régulateur PI. En effet, en régime permanent, l'erreur statique avec SMC est plus faible par rapport au PI. Ce qui nous présente la performance du correcteur SMC par rapport au PI. Par conclusion, on remarque la performance de la commande non linéaire qui est caractérisée par sa robustesse envers les perturbations.

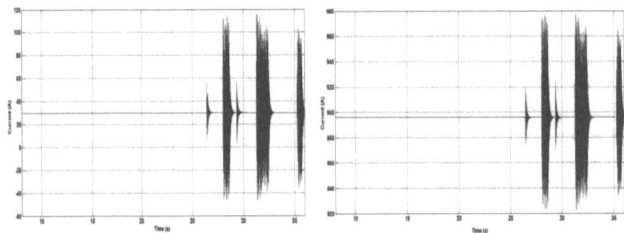

FIGURE 2.24 – Courant I_{rd} et I_{rq} en aval du filtre par la commande PI

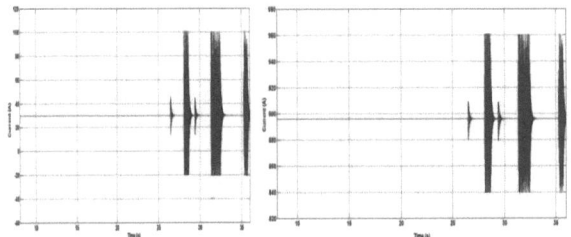

FIGURE 2.25 – Courant I_{rd} et I_{rq} en aval du filtre par la commande par SMC

Dans un premier temps, on remarque que les deux contrôleurs ont démontré à peu près le même dynamique de comportement sous condition nominale. Cependant, les résultats de simulation montrent que le dispositif de commande en mode glissant réalise de bon comportement dynamique du système avec un temps de montée rapide et le temps de stabilisation, et une meilleure performance que le régulateur PI lié à la réduction de l'erreur statique en régime permanent et minimise les effets de perturbation.

2.6 Conclusion

Dans ce chapitre, notre étude s'intéresse à la modélisation et la contrôle de la chaine de conversion d'énergie éolienne à base de la MADA. En effet, l'extraction de maximum de puissance par la stratégie MPPT permet de fournir la totalité de la puissance active produite au réseau électrique avec un facteur de puissance unitaire. Deux techniques de régulation sont utilisées dans notre étude, à savoir PI classique

Modélisation d'une chaine de conversion éolienne à vitesse variable à base d'une MADA

et commande par mode glissant. Ils sont utilisés pour la commande de la MADA, la régulation de la tension de bus continu et la commande du convertisseur coté réseau électrique. Les résultats de simulation obtenue présentent la performance de la deuxième technique vu sa robustesse devant la variation de la vitesse de vent. Le point fort de SMC de régulation est la simplicité de mise en œuvre et la robustesse même en présence des perturbations internes et externes. Le troisième chapitre se focalise sur la supervision d'une ferme éolienne pour sa participation au service système lors de son intégration au réseau électrique.

Références

[14] F. HACHICHA, L. KRICHEN," Performance Analysis of a Wind Energy Conversion System based On a Doubly-Fed Induction Generator", IEEE Trans, 8th International Multi−Conference on Systems, Signals and Devices, 2011, 978-984.

[15] A.belabbes 1, B. hamane, M.bouhamida,A.draou, Power Control of a Wind Energy Conversion System based on a Doubly Fed Induction Generator using RST and Sliding Mode Controllers, ICREPQ'12, Santiago de Compostela (Spain), 28th to 30th March, 2012.

[16] A. Tapia, G. Tapia, J.X. Ostolaza, J.R. Saenz, 'Modeling Control of a wind turbine driven doubly fed induction generator', IEEE, Trans. Energy Convers. 18 (2) (2003) 194–204.

[17] S. Muller, M. Deicke, W. Rik, De Doncker, 'Doubly fed induction generator systems for wind turbines', IEEE Ind.Appl Magazine 8 (3) (May/June 2002) 26–33.

[18] R. Datta, V.T. Ranganathan, "Variable-speed wind power generation using doubly fed wound rotor induction machine a comparison with alternative schemes", IEEE Transactions on Energy Conversion 17 (3) (2002) 414–421.

[19] F. Poitiers M. Machmoum R. Le Daeufiand M.E. aim, "Control of a doubly-fed induction generator for wind Energy conversion systems,"IEEE Trans .Renewable Energy, Vol. 3, N°. 3, December 2001 pp.373-378.

[20] M. Machmoum, F. Poitiers, C. Darengosse and A. Queric, "Dynamic Performances of a Doubly-fed Induction Machine for a Variable-speed Wind Energy Generation ,"IEEE Trans. Power System Technology, vol.4, Dec. 2002,pp. 2431-2436.

[21] S.EL AIMANI, 'Towards a Practical Identification of a DFIG based Wind Generator Model for Grid Assessment', 2nd International Conference on Advances in Energy Engineering (ICAEE 2011).

[22] S.El Aimani, 'Modélisation de différentes technologique d'éoliennes intégrées dans un réseau de moyen tension', thèse préparé au sein de laboratoire L2EP de l'école centrale de lille en 6 decembre 2004.

[23] N. Aouani, F. Bacha, R. Dhifaoui, "Control Strategy of a Variable Speed

Wind Energy Conversion System Based on a Doubly Fed Induction Generator".

[24] H. Kojooyan Jafari, H. Kojooyan Jafari, "Comparison of Self Tuning P and PI Voltage Control of DFIG in Wind Power Generation Considering Two Mass Shaft Model".

[25] Krishan Gopal Sharma, Annapurna Bhargava, Kiran Gajrani, Stability Analysis of DFIG based Wind Turbines Connected to Electric Grid.

[26] Maimaitireyimu Abulizi, Ling Peng, Bruno Francois, Yongdong Li, "Performance Analysis of a Controller for Doubly-Fed Induction Generators Based Wind Turbines Against Parameter Variations".

[27] T. Riouch, R. El-Bachtiri, M. Salhi,'Robust Sliding Mode Control for Smoothing the Output Power of DFIG Unde Fault Grid', International Review on Modelling and Simulations (IREMOS) Vol 6, No 4 (2013).

[28] Abdelhak DJOUDI, Hachemi CHEKIREB, El Madjid BERKOUK, Seddik BACHA, 'Low-cost sliding mode control of WECS based on DFIG with stability analysis, Turkish Journal of Electrical Engineering and Computer Sciences.

[29] Kh. Belgacem, A. Mezouar, A. Massoum, 'Sliding Mode Control of a Doubly-fed Induction Generator for Wind Energy Conversion', International Journal of Energy Engineering.

[30] Youcef Bekakra and Djilani Ben Attous, 'Sliding Mode Controls of Active and Reactive Power of a DFIG with MPPT for Variable Speed Wind Energy Conversion', Australian Journal of Basic and Applied Sciences.

[31] W. Ouled Amor, A. Ltifi, M. Ghariani 'Study of a wind energy conversion systems based on double fed induction generator', IREMOS, Vol 7, N 4, August 2014.

[32] Walid Ouled Amor, Moez Ghariani, 'Comparative Study between Classical PI and Sliding Mode Controller for a Grid Connected Wind Turbine Based on DFIG', Wind Energy : Developments, Potential and Challenges, Book ISBN : 978-1-63484-229-7.

[33] A. LTIFI, M. GHARIANI, R. NEJI, 'Comparison of Two Techniques for Control Nonlinear Systems :The PI Regulator and Sliding Mode Control', International Conference on Control, Engineering and Information Technology (CEIT'14).

[34] W. Ouled Amor, M. Ghariani, R. Neji, Study of the Contribution to the robust control of a small variable speed wind turbine based on permanent magnet synchronous generator : Comparison between PI controller and sliding mode controller, International Review of Automatic Control (IREACO), Vol.7, n.6, November 2014.

Références

[35] Arafet Ltifi, Moez Ghariani, Rafik Neji, International Conference on Control, Engineering and Information Technology (CEIT'14).

[36] A. Ltifi, M. Ghariani, R. Neji, 'Performance comparison of PI, SMC and PI-Sliding Mode Controller for EV',(STA'14)

[37] Moez Ghariani, Mohamed Radhouan Hachicha, Arafet Ltifi, Ibrahim Bensalah, Moez Ayadi, Rfik Neji, 'Sliding mode control and neuro-fuzzy network observer for induction motor in EVs applications', International Journal of Electric and Hybrid Vehicles'.

[38] Arafet Ltifi, Moez Ghariani, Rafik Neji, 'Performance comparison on three parameter determination method of fractional PID controllers'14th International Conference on Sciences and Techniques of Automatic Control and Computer Engineering (STA'13).

[39] A. Ltifi, M. Ghariani, R. Neji, 'PI sliding mode control for the non-linear system' 10th International Multi-Conference on Systems, Signals and Devices (SSD'13).

[40] A. Ltifi, M. Ghariani, R. Neji, 'Sliding mode control of the nonlinear systems' XIth International Workshop on Symbolic and Numerical Methods, Modeling and Applications to Circuit Design (SM2ACD'10).

Chapitre 3

Supervision d'une ferme éolienne pour son intégration dans la gestion du réseau électrique

3.1 Introduction

L'intégration d'un parc éolien au réseau électrique a entraîné de nombreux problèmes pour la gestion du réseau électrique en raison de sa nature variable. En effet, ce système était contrôlé par la stratégie MPPT pour transférer leur maximum de puissance. Lorsqu'un défaut survient sur le réseau, ces éoliennes se déconnectent puisqu'elles n'ont aucune capacité à régler leur production et de fournir des services pour le système électrique. Pour surmonter les problèmes rencontrés et assurer la sécurité du réseau électrique, ce type de générateur est appelé de plus en plus à se conformer aux exigences imposées par le gestionnaire du réseau. Plusieurs recherches se focalisent sur le développement des techniques de supervision et de commande des fermes éoliennes, à savoir le contrôle des puissances active et réactive, le contrôle de la tension, le contrôle de la fréquence, et la tolérance vis-à-vis des défauts du réseau [41]. Notre objectif est d'assurer l'intégration d'une ferme éolienne au réseau électrique sans affecter sa sécurité et sa stabilité par l'intermédiaire d'un algorithme de supervision qui a pour but de concevoir une répartition adéquate des puissances active et réactive sur les éoliennes en garantissant un meilleur soutien au réseau électrique. Au cours de ce chapitre, nous allons étudier tout d'abord les réglementations techniques pour l'intégration d'une ferme éolienne au réseau électrique. Puis, nous allons développer la stratégie de la commande découplée des puissances active et réactive des convertisseurs coté MADA et réseau. Ensuite, en s'appuyant sur le modèle de la ferme éolienne développé sur MATLAB/SIMULINK, nous allons présenter tout d'abord les techniques de supervision, centrale et locale, utilisées au sein d'une ferme éolienne pour participer à la gestion du réseau électrique. Cet algorithme de commande permet le dispatching des puissances actives et réactives entre le stator de la machine et le convertisseur coté réseau en considérant plusieurs modes de fonctionnement du système éolien tout en respectant les limites de production. Finalement, nous allons détailler une étude technico-économique et environnementale sous l'environnement de HOMER pro dont le but est de dimensionner le parc éolien, connecté au réseau électrique, pour l'alimentation d'un village dans la région de Sfax.

3.2 Réglementation technique pour l'intégration d'une ferme éolienne au réseau électrique

Les fermes éoliennes sont connectées au réseau électrique suivant des exigences imposées par le gestionnaire de réseau. En effet, Ces exigences se rapportent aux modes de contrôle des deux types de puissances active et réactive. Ces modes de contrôle sont classés en plusieurs catégories [45] :

3.2.1 Contrôle absolu de la puissance active

Ce mode de contrôle exige la limitation de la puissance active produite par la ferme par un maximum à ne pas dépasser, même en cas de présence d'un surplus de puissance aérodynamique. Cette condition est imposée par le gestionnaire de réseau. Au-dessous du maximum prédéfini, la ferme est contrôlée pour fournir son maximum de puissance (en MPPT). Par sagesse, le gestionnaire de réseau a appliqué ce mode de contrôle afin d'éviter le paiement du surplus de puissance au producteur éolien au temps où il n'y a pas assez de consommation telle que la nuit. Sinon, l'excès de puissance va être distribué gratuitement aux réseaux électriques voisins. Par conséquent, la figure 3.1 explique le phénomène de contrôle de la puissance active prédéfinie [45] :

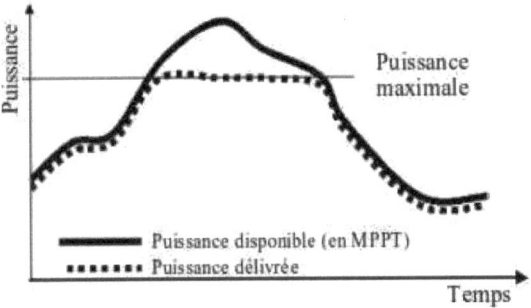

FIGURE 3.1 – Contrôle de la puissance active

3.2.2 Allocation d'une puissance de réserve

Ce modèle de contrôle exige à la puissance électrique délivrée d'être au-dessous de la puissance disponible par une différence référentielle à la puissance de réserve fixe ΔP. La ferme éolienne admet la possibilité de gérer le réglage primaire de la fréquence. En effet, en cas de diminution de la fréquence, la ferme assure le maintien

Supervision d'une ferme éolienne pour son intégration dans la gestion du réseau électrique

de cette fréquence dans ses limites admissibles tout en augmentant sa production en puissance. De cette manière, on peut aider à diminuer les fluctuations de la puissance active. Dans ce contexte, la figure 3.2 illustre le phénomène décrit ci-dessus :

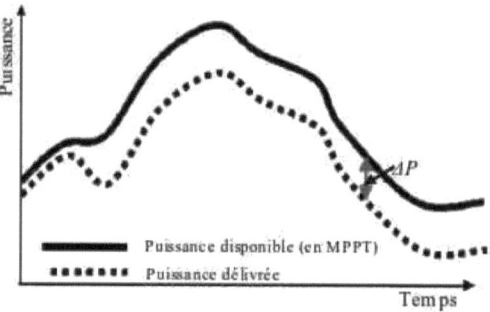

FIGURE 3.2 – Allocation d'une puissance de réserve

3.2.3 Contrôle du gradient de puissance

En cas de perte de la connexion d'une centrale électrique, la ferme éolienne participe à la compensation de la puissance tout en augmentant sa production en électricité avec un gradient de puissance maximale. Cette action assure le maintien de l'équilibre de production de la puissance entre les centrales de production électriques et les fermes éoliennes [46]. La figure 3.3 illustre l'équilibre entre la demande et la production en électricité par la ferme éolienne.

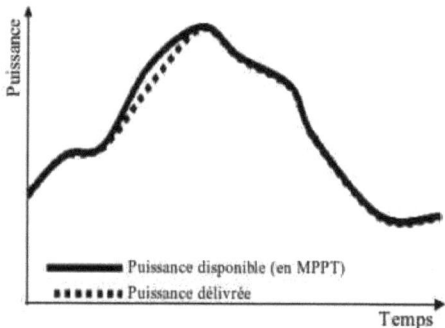

FIGURE 3.3 – Contrôle du gradient de puissance

Supervision d'une ferme éolienne pour son intégration dans la gestion du réseau électrique

3.2.4 Contrôle de l'équilibre en puissance

Sous le terme d'équilibre, la ferme éolienne doit avoir la capacité de gérer sa production en puissance d'une manière très rapide. Ce type de contrôle garantit le maintien de l'équilibre dans un réseau électrique entre la partie de production et celle de consommation de la puissance active. Par conséquent, la ferme éolienne contribue au réglage secondaire et doit être alors interfacée au poste dispatching du gestionnaire de réseau. En effet, la figure 3.4 présente une surproduction en termes d'énergie produite.

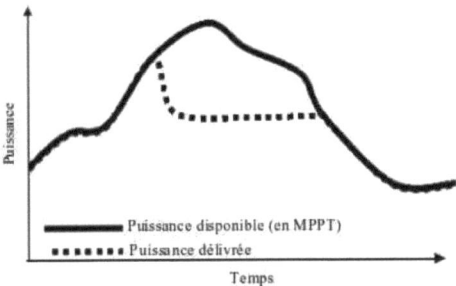

FIGURE 3.4 – Contrôle de l'équilibre de la puissance active

3.2.5 Contrôle de la puissance pour la protection du système

En cas de présence de surcharge dans le réseau électrique, ce type de contrôle admet le pouvoir de protéger le système électrique. Sous cette condition, le gestionnaire de réseau impose à la ferme éolienne de réduire sa production très rapidement. Il est présenté par la figure 3.5. Afin de se faire face à la situation présente, la réduction de la puissance reste en cours jusqu'à la disparition du signal d'activation de la protection [46].

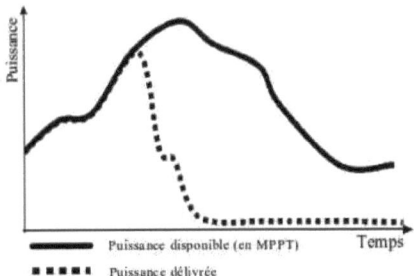

FIGURE 3.5 – Contrôle de la puissance pour le contrôle du système

3.2.6 Contrôle de fréquence

Dans un réseau électrique, la fréquence admet une valeur identique en tout point, elle est dite globale. Cette valeur doit rester légèrement variable, décrit dans la figure 3.6, afin d'assurer le fonctionnement normal du matériel électrique connecté au réseau considéré. L'équilibre entre la production et la consommation de la puissance active dépend d'un réglage spécifique de la fréquence [49].

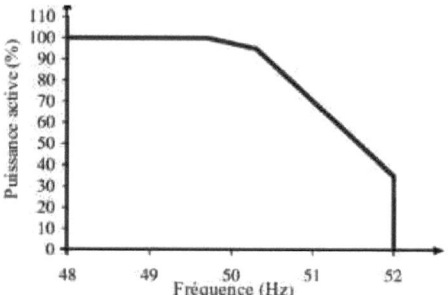

FIGURE 3.6 – Caractéristiques puissance/fréquence pour un réseau insulaire

On considère dans ce qui suit un alternateur synchrone entrainé à une vitesse de rotation Ω par une turbine et connecté électriquement à un réseau électrique. Ceci est pour mieux expliquer la relation qui spécifie la fréquence et la puissance active. La figure 3.7 illustre le phénomène de contrôle de la fréquence :

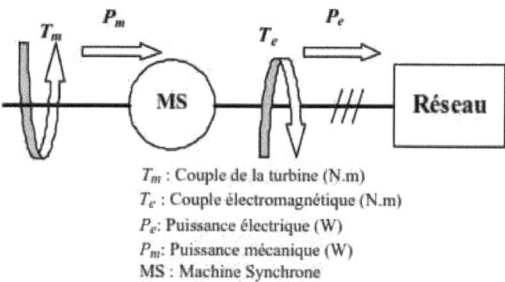

T_m : Couple de la turbine (N.m)
T_e : Couple électromagnétique (N.m)
P_e: Puissance électrique (W)
P_m: Puissance mécanique (W)
MS : Machine Synchrone

FIGURE 3.7 – Contrôle de la fréquence

Le couple C_m exprime la production d'énergie d'origine mécanique et le couple Te représente la consommation d'électricité. On définit ci-dessous l'équation mécanique de ce système donnée par la seconde loi de Newton :

$$J \cdot \frac{d\Omega}{dt} = C_m - C_e = C_a \tag{3.1}$$

Supervision d'une ferme éolienne pour son intégration dans la gestion du réseau électrique

Où C_a est le couple d'accélération. La variation de la fréquence des tensions produites par l'alternateur dépend forcément de la différence entre les deux couples C_m et C_e. Ansi, si cette différence est positive, elle va créer un couple d'accélération C_a qui augmentera la vitesse de rotation Ω et par conséquent la fréquence des tensions fournies par l'alternateur. A l'inverse, la différence négative entre ces deux couples va entrainer un couple d'accélération Ta admettant un effet de réduction sur la vitesse de rotation Ω , ce qui provoque la diminution de la fréquence des tensions fournies par l'alternateur. Autour de la valeur de référence de la fréquence, il existe de petites variations qui seront compensées par l'énergie cinétique des machines connectées au réseau considéré. En revanche, pour les grandes variations notables de consommation, le gestionnaire de réseau dispose de trois niveaux d'action sur la fréquence : réglage primaire, secondaire et tertiaire. On s'est appuyé sur plusieurs travaux effectués afin d'assurer le contrôle de la fréquence en utilisant les fermes éoliennes. Ces travaux se basent essentiellement sur le contrôle en Delta des éoliennes en cas de déviation de la fréquence de sa valeur de 50 Hz tout en s'intéressant à l'utilisation de la réserve en puissance active.

3.2.7 Contrôle de puissance réactive

Tout autour du monde entier, la plupart des gestionnaires de réseaux électriques imposent aux propriétaires des fermes éoliennes d'avoir un rôle dans le contrôle de la puissance réactive pour de multiples raisons : soit pour générer/absorber une puissance réactive spécifique, soit pour imposer un facteur de puissance spécifique, présenté par la figure 3.8, ou bien pour contrôler la tension au point de couplage commun (PCC).
La figure 3.9 montre les exigences typiques sur le niveau de la régulation du facteur de puissance en fonction de la tension au PCC et en fonction de la puissance active produite.

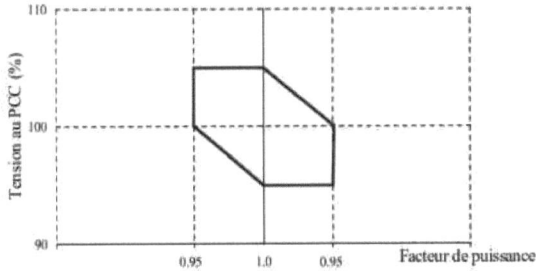

FIGURE 3.8 – Courbe typique du facteur de puissance en fonction de la tension au PCC

Supervision d'une ferme éolienne pour son intégration dans la gestion du réseau électrique

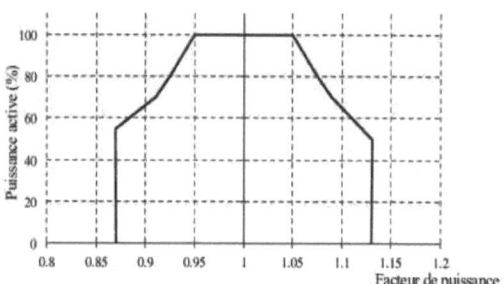

FIGURE 3.9 – Courbe typique du facteur de puissance en fonction de la puissance active produite

3.2.8 Contrôle de la tension à travers le contrôle de la puissance réactive

La tension est conçue comme une grandeur locale dont le maintien est un problème qui dépend de la puissance réactive. Cette dernière provoque dans le réseau électrique des défaillances telles que les chutes de tensions ; en plus elle se transporte mal. Comme solution, on peut limiter les échanges de puissance réactive entre le poste de raccordement et le réseau électrique. Ceci mène à minimiser l'influence du poste de raccordement sur le plan de tension.

La figure 3.10 présente un modèle simple du système de puissance traduisant le phénomène de contrôle de la tension, où on trouve un générateur à l'extrémité 1 (poste source), une ligne de puissance et une charge à l'extrémité 2. Considérant les grandeurs E et V, respectivement, des tensions à l'extrémités 1 et 2. La ligne électrique admet une résistance R et une réactance X. P et Q sont respectivement les puissances active et réactive transmises de l'extrémité 1 à l'autre extrémité.

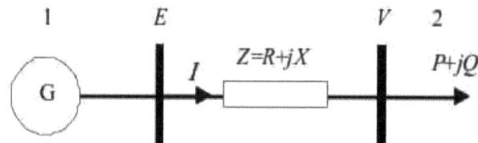

FIGURE 3.10 – Modèle simple d'un système de puissance

D'après ce schéma traduisant la liaison entre générateur et récepteur par une ligne électrique, on peut conclure l'équation suivante :

$$\Delta V = E - V = ZI = RI cos\varphi + XI sin\varphi + j \cdot (XI cos\varphi - RI sin\varphi) \qquad (3.2)$$

$$\Delta V = \frac{(RP + XQ)}{E} + j \cdot \frac{(RP - XQ)}{E} \qquad (3.3)$$

72

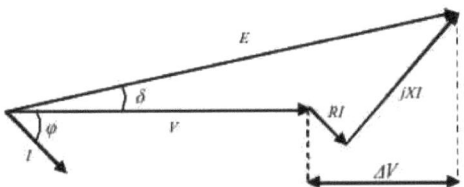

FIGURE 3.11 – Diagramme de Fresnel correspondant à une ligne de puissance

En s'appuyant sur l'hypothèse d'un réseau peu chargé ainsi que des lignes relativement courtes, on peut considérer le déphasage δ, illustré dans la figure 3.11, l'angle entre les tensions E et V de la ligne (angle de transport) étant petit. Ceci implique que la chute de tension est égale à sa projection.

$$\Delta V \simeq \frac{RP + XQ}{E} \qquad (3.4)$$

Tenant compte d'une résistance R et une réactance X de même ordre de grandeur, le réglage de la tension dans les réseaux de distribution se manifeste en agissant sur les puissances actives et réactives simultanément. Néanmoins, la réactance X est très supérieure à la résistance R dans la plupart des réseaux électriques de transport.
$X \gg R$
D'où :

$$\Delta V \simeq \frac{XQ}{E} \qquad (3.5)$$

Cette équation montre bien que le contrôle de la tension dans les réseaux électriques de transport est lié principalement au contrôle de la puissance réactive. Cette tâche peut facilement être traitée par les fermes éoliennes à base de MADA.

3.2.9 Maintien de la production lors des défaillances du réseau

Le contrôle des éoliennes connectées au réseau électrique est opéré essentiellement pour leur permettre de fournir leur maximum de puissance au réseau, ou bien pour fournir une puissance active prédéterminée par le gestionnaire de réseau et satisfaire la puissance réactive demandée. Néanmoins, lors de la présence d'un certain défaut de court-circuit ou d'un creux de tension dans le réseau, les éoliennes prennent l'initiative à se déconnecter rapidement du réseau. Par conséquent, ceci mène à un déséquilibre entre la puissance consommée et celle produite provoquant de graves problèmes, citant la chute de fréquence. En cas d'insuffisance de réserve de puissance répartie sur tout le système, et afin de compenser la puissance manquante, on peut y avoir un black-out. Dans le but d'assurer la stabilité du réseau électrique, les éoliennes doivent être contrôlées de manière à rester connectées à ce réseau même lors de la présence d'une certaine défaillance l'affectant [45, 46].

3.3 Modélisation de la commande découplée des puissances active et Réactive

Afin d'intégrer un parc éolien dans la gestion d'un réseau électrique, il doit participer au service système de ce dernier. En effet, les aérogénérateurs doivent être contrôlés pour fournir des puissances actives et réactive constantes pendant une certaine durée. Ces échanges de puissance sont assurés par une unité de supervision centrale selon un plan de production des puissances donné par le gestionnaire de réseau.

3.3.1 Stratégie de contrôle du convertisseur coté MADA

La stratégie de commande du convertisseur coté MADA, présenté par la figure 3.12, a pour but d'assurer le réglage de transfert des puissances actives et réactives à travers le stator de la MADA vers le réseau électrique. Afin de recevoir les puissances active et réactive de référence (P_{s-ref}, Q_{s-ref}) de l'unité de supervision locale de chaque éolienne, ce dispositif de commande envoie les ordres de commande au convertisseur.

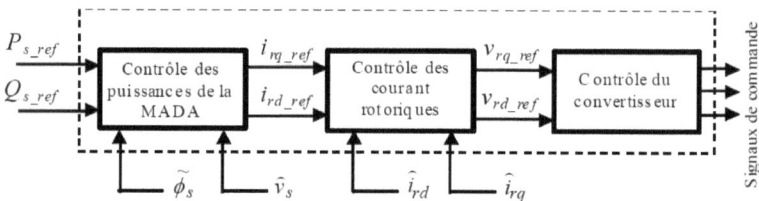

FIGURE 3.12 – Schéma synoptique du contrôle du convertisseur coté MADA

La figure 3.13 présente le contrôleur de puissance pour cette commande qui calcule et envoie à sa sortie les composantes de référence en quadrature i_{rq-ref} et directe i_{rd-ref} du courant rotorique de la MADA, images des puissances active et réactive statorique de référence [42,44].

$$i_{rq_{ref}} = \frac{-L_s P_{s_{ref}}}{V_s M} \tag{3.6}$$

$$i_{rd_{ref}} = \frac{-L_s Q_{s_{ref}}}{V_s M} + \frac{\Phi_s}{M} \tag{3.7}$$

La composante en quadrature du courant rotorique contrôle la puissance active alors que la composante directe contrôle la puissance réactive. Le flux statorique est estimé à partir des courants statorique mesurés :

$$\Phi_{sd} = L_s I_{sd} + M I_{rd} \tag{3.8}$$

$$\Phi_{sq} = L_s I_{sq} + M I_{rq} \tag{3.9}$$

Supervision d'une ferme éolienne pour son intégration dans la gestion du réseau électrique

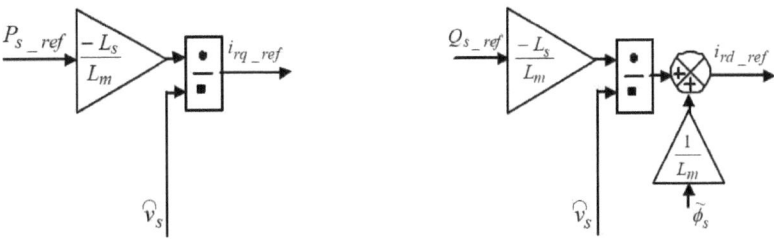

FIGURE 3.13 – Schéma bloc du contrôle de la puissance active et réactive coté MADA

$$\Phi_s = \sqrt{(\Phi_{sd})^2 + (\Phi_{sq})^2} \qquad (3.10)$$

La figure 3.14 présente la commande PI des deux composantes directe et en quadratique des courants rotorique. Afin d'évaluer les tensions V_{rd-ref} et V_{rq-ref} à partir des équations et des FEM de couplage e_{q-ref}, e_{d-ref} et $e_{\Phi-ref}$:

$$e_{q-ref} = -\omega_r L_r \sigma I_{rq} \qquad (3.11)$$

$$e_{d-ref} = \omega_r L_r \sigma I_{rd} \qquad (3.12)$$

$$e_{\Phi-ref} = \frac{M}{L_s} \omega_r \Phi_{sd} \qquad (3.13)$$

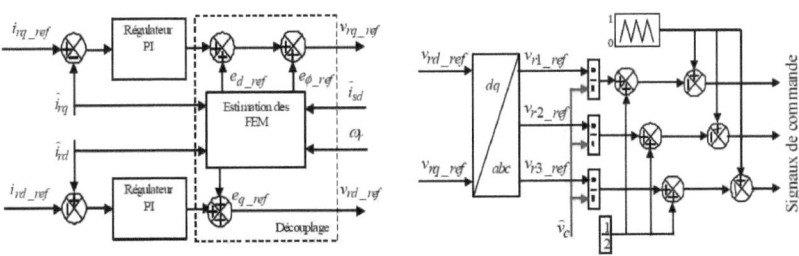

FIGURE 3.14 – Schéma bloc du contrôle des courants rotorique

3.3.2 Stratégie de contrôle coté réseau

La stratégie de contrôle du convertisseur coté réseau a pour objectif de réguler la tension du bus continu et de contrôler les courants rotorique directe et en quadrature issue du filtre RL. Lors de connexion de l'éolienne au réseau électrique, on doit fixer le facteur de puissance à 1 en imposant simplement une puissance réactive nulle. Pour assurer le découplage entre le contrôle de la puissance active et réactive, un contrôle vectoriel avec l'orientation du repère de Park selon le vecteur de tension réseau est utilisé comme suit [42, 44] :

$$V_{Rd} = V_R$$

$$V_{Rd} = 0$$

Nous allons écrire les puissances active et réactive transitant à travers le convertisseur coté réseau comme suit :

$$P = V_{Rd}I_{fd} + V_{Rq}I_{fq} \tag{3.14}$$

$$Q = V_{Rq}I_{fq} - V_{Rd}I_{fq} \tag{3.15}$$

En s'appuyant sur l'hypothèse que les pertes dans le filtre de courant, les expressions suivantes peuvent être écrites :

$$V_{fd} = V_{Rd} = V_R \tag{3.16}$$

$$V_{fq} = V_{Rq} = 0 \tag{3.17}$$

Les expressions des puissances actives P_t et réactive Q_t peuvent être simplifiées comme suit :

$$P_f = V_R I_{fd} \tag{3.18}$$

$$Q_f = -V_R I_{fq} \tag{3.19}$$

Les courants de référence (i_{fd-ref}, i_{fq-ref}) sont imposés par les puissances de référence (P_{fd-ref}, P_{fq-ref}) donnés par :

$$I_{fd-ref} = \frac{P_{f-ref}}{V_R} \tag{3.20}$$

$$I_{fq-ref} = -\frac{Q_{f-ref}}{V_R} \tag{3.21}$$

La figure 3.15 présente le bloc diagramme du contrôle des puissances :

Les équations du filtre connecté au réseau dans le repère de PARK s'expriment par :

$$V_{fd} = V_{fd1} - \omega_s L_f I_{fq} + V_{Rd} \tag{3.22}$$

$$V_{fq} = V_{fq1} - \omega_s L_f I_{fd} + V_{Rq} \tag{3.23}$$

Avec :

Supervision d'une ferme éolienne pour son intégration dans la gestion du réseau électrique

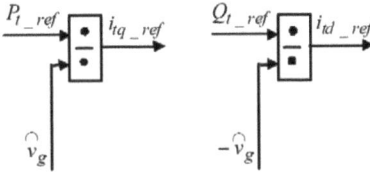

FIGURE 3.15 – Schéma bloc du contrôle de la puissance active et réactive coté réseau

$$V_{fd1} = R_f I_{fd} + L_f \frac{dI_{fd}}{dt} \tag{3.24}$$

$$V_{fq1} = R_f I_{fq} + L_f \frac{dI_{fq}}{dt} \tag{3.25}$$

Les courants i_{fd} et i_{fq} issus du filtre RL sont contrôlés par deux correcteurs de type PI qui génèrent les références des tensions à appliquer (v_{td-ref} et v_{tq-ref}) décrits dans la figure 3.16.

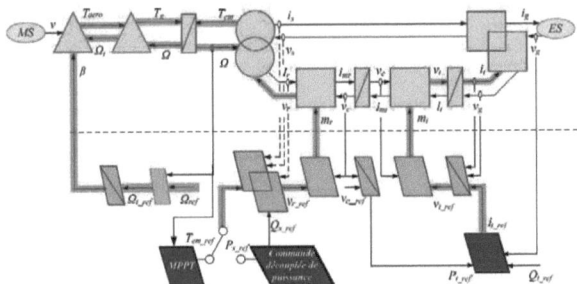

FIGURE 3.16 – Schéma simplifié de la modélisation de la chaine éolienne

3.4 Supervision des puissances active et réactive de la ferme éolienne connectées au réseau électrique

3.4.1 Configuration du système étudié

Pour assurer le contrôle du réseau électrique, le gestionnaire de réseau doit gérer la ferme éolienne comme une centrale électrique conventionnelle. En effet, la configuration d'un réseau électrique interconnecté à un ensemble des dispositifs électriques est présentée sur la figure 3.17. Le parc éolien est connecté au Bus HTA 20 kV via un transformateur 20kV/690V dont les différentes charges fixes ou variables sont connectées au même bus à travers un autre transformateur. Afin de contrôler les puissances ($P_{\omega F}$, $Q_{\omega F}$) échangées avec le réseau électrique selon l'état actuel du réseau et le mode de contrôle demandé par le gestionnaire de réseau (contrôle d'équilibre, contrôle delta, contrôle automatique de la fréquence, contrôle de la puissance réactive, contrôle automatique du bus continu... etc.), une unité de supervision centrale de la ferme éolienne est mise en place [42, 43, 44].

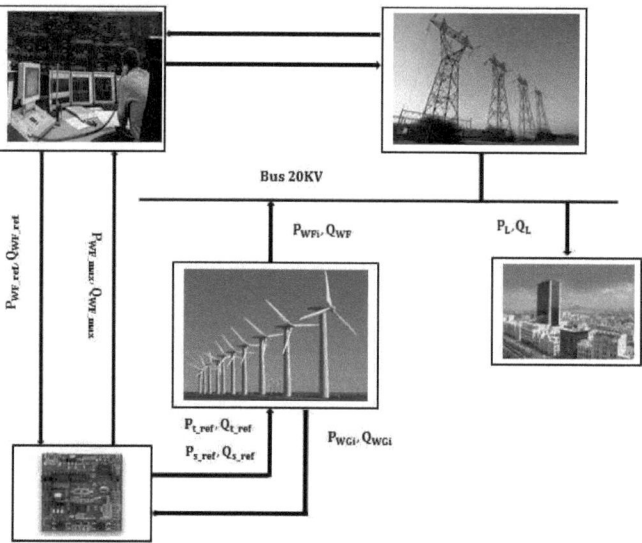

FIGURE 3.17 – Diagramme du système étudié

3.4.2 Unité de supervision centrale de la ferme

L'unité de supervision centrale de la ferme éolienne a pour objectif de contrôler les puissances active et réactive totales de la ferme selon un plan de production demandé chaque heure par le gestionnaire de réseau. En effet, tout d'abord cette unité de supervision reçoit une demande de puissance ($P_{\omega F-ref}$, $Q_{\omega F-ref}$) du gestionnaire de réseau. Puis, elle transmet au gestionnaire les informations sur la capacité maximale de production de puissance ($P_{\omega F-max}$, $Q_{\omega F-max}$). Par conséquent, les puissances de référence pour chaque éolienne de la ferme ($P_{\omega G-ref-i}$, $Q_{\omega G-ref-i}$) seront envoyées en temps réel aux unités de supervision locale de chaque éolienne.

$$P_{\omega F-max} = \sum_{i=1}^{n} P_{\omega G-max-i} \qquad (3.26)$$

Supervision d'une ferme éolienne pour son intégration dans la gestion du réseau électrique

$$Q_{\omega F-max} = \sum_{i=1}^{n} Q_{\omega G-max-i} \quad (3.27)$$

$$P_{\omega ref-i} = \frac{P_{\omega G-max-i}}{P_{\omega F-max}} P_{\omega F-ref} \quad (3.28)$$

$$Q_{\omega ref-i} = \frac{Q_{\omega G-max-i}}{Q_{\omega F-max}} Q_{\omega F-ref} \quad (3.29)$$

3.4.3 Unité de supervision locale de l'éolienne

Les expressions suivantes présentent la puissance totale générée par chaque éolienne et exprimée par :

$$P_{\omega G-i} = P_{si} + P_{ti} \quad (3.30)$$

$$Q_{\omega G-i} = Q_{si} + Q_{ti} \quad (3.31)$$

A partir des puissances actives, $P_{\omega G-ref-i}$ et réactive $Q_{\omega G-ref-i}$ reçues de l'unité de supervision centrale, l'unité de supervision locale de chaque éolienne doit coordonner la distribution des puissances statorique ($P_{s-ref-i}$, $Q_{s-ref-i}$) et rotorique coté réseau ($P_{t-ref-i}$, $Q_{t-ref-i}$) déduites.

$$P_{s-ref-i} = P_{\omega G-ref-i} - P_{ri} \quad (3.32)$$

$$P_{t-ref-i} = P_{ri} - P_{c-ref-i} \quad (3.33)$$

Avec

$$P_{c-ref} = V_c I_{c-ref} \quad (3.34)$$

$$P_r = V_{rd} I_{rd} + V_{rq} I_{rq} \quad (3.35)$$

Afin d'obtenir $cos\varphi = 1$, nous allons imposer $Q_{t-ref-i} = 0$ au convertisseur coté réseau. donc on obtient :

$$Q_{s-ref-i} = Q_{\omega G-ref-i} \quad (3.36)$$

De même :

$$P_{\omega G-max-i} = P_{aero-i} \quad (3.37)$$

$$Q_{\omega G-max-i} = Q_{s-max-i} + Q_{t-max-i} \quad (3.38)$$

Selon le diagramme (P_t, Q_t), nous allons déterminer la capacité de production maximale de la puissance réactive du convertisseur côté réseau Q_{t-max}. Enfaite, afin d'analyser les échanges de puissance et l'estimation de la puissance réactive maximale de la MADA, la limitation de la production en réactif est étudiée en tenant

Supervision d'une ferme éolienne pour son intégration dans la gestion du réseau électrique

compte des différentes contraintes, à savoir la limitation de la puissance réactive par la contrainte du courant statorique, du courant rotorique, de la tension rotorique et la stabilité en régime permanent [44].

3.5 Analyse des échanges de puissance

3.5.1 Présentation

Lors de l'intégration d'une éolienne au réseau électrique, la tension statorique de la MADA est imposée par le réseau, la puissance réactive maximale est influencée par les contraintes des courants statorique et rotorique nominaux, la tension rotorique nominale et la stabilité durant le régime permanent. En effet, la limitation de sa production en réactif est étudiée en tenant compte des différentes contraintes citées précédemment.

3.5.2 Limitation de puissance réactive par la limitation du courant statorique

La relation liant les puissances active et réactive et le courant statorique qui décrit un cercle de centre $C_{sc}(0,0)$ et de rayon $R = 3V_s I_s$.

$$P_s^2 + Q_s^2 = (3V_s I_s)^2 \tag{3.39}$$

Vs : la tension de l'enroulement statorique.

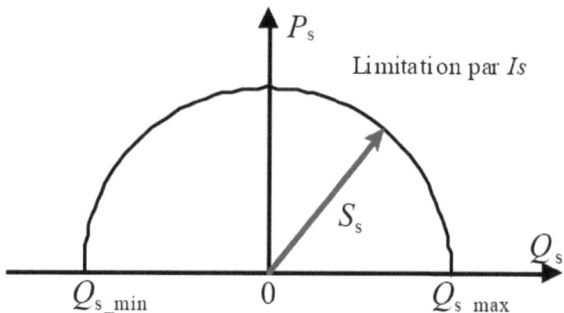

FIGURE 3.18 – Diagramme (P_s, Q_s) de la MADA en tenant compte de la limitation du courant statorique

La valeur nominale du courant statorique de la MADA ($I_s \preceq I_{s-nom}$) présente la capacité de compensation du réactif. En effet, la figure 3.18 présente le diagramme (P_s, Q_s) de la MADA en tenant compte de la limitation du courant statorique. En fait, les expressions suivantes présentent les limites minimale Q_{s-min} et maximale

Q_{s-max} de la capacité de production du réactif :

$$Q_{s-max} = -Q_{s-min} = \sqrt{((3V_s I_{s-nom})^2 - P_s^2)} \tag{3.40}$$

3.5.3 Limitation de puissance réactive par la limitation du courant rotorique

En tenant compte des échauffements engendrés par effet Joule du bobinage rotorique, on peut écrire l'expression suivante :

$$E = MI_r \tag{3.41}$$

L'expression des puissances active et réactive est présentée comme suit :

$$P_s = 3V_s \frac{M}{X_s} I_r \sin\delta \tag{3.42}$$

$$P_s = 3V_s \frac{M}{X_s} I_r \cos\delta - \frac{3V_s^2}{X_s} \tag{3.43}$$

$$P_s^2 + (Q_s + \frac{3V_s^2}{X_s})^2 = (3V_s \frac{M}{X_s} I_r)^2 \tag{3.44}$$

La puissance apparente du stator de la MADA décrit un cercle de centre $C_{rc}(0, -3.\frac{V_s^2}{X_s})$ et de rayon $R = 3V_s \frac{M}{X_s} I_r$.

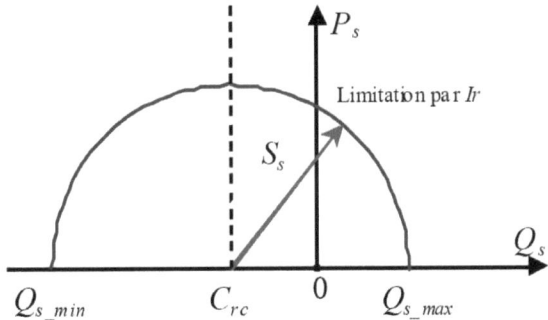

FIGURE 3.19 – diagramme (P_s, Q_s) de la MADA en tenant compte de la limitation par le courant rotorique

La capacité de compensation du réactif dépend du courant nominal rotorique $I_r \preceq I_{r-nom}$:

$$P_s^2 + (Q_s + \frac{3V_s^2}{X_s})^2 \leq (3V_s \frac{M}{X_s} I_{r-nom})^2 \tag{3.45}$$

Supervision d'une ferme éolienne pour son intégration dans la gestion du réseau électrique

En effet, la figure 3.19 présente le diagramme (P_s, Q_s) de la MADA en tenant compte de la limitation du courant rotorique. En s'appuyant sur l'expression précédente, les limites minimales Q_{s-min} et maximale Q_{s-max} de la capacité de production du réactif sont données par :

$$Q_{s-max} = \sqrt{(3V_s\frac{M}{X_s}I_{r-nom})^2 - P_s^2} - \frac{3V_s^2}{X_s} \qquad (3.46)$$

$$Q_{s-min} = -\sqrt{3V_s\frac{M}{X_s}I_{r-nom})^2 - P_s^2} - \frac{3V_s^2}{X_s} \qquad (3.47)$$

3.5.4 Limitation de puissance réactive par la limitation de la tension rotorique

L'expression suivante présente le courant I_r tout en négligeant la résistance statorique :

$$I_r = -\frac{1}{jM}V_s - \frac{X_s}{M}I_s \qquad (3.48)$$

De même en négligeant la résistance rotorique, on obtient :

$$\frac{V_r}{g} = \frac{X_r}{M} + j\frac{X_r}{M}(X_s - \frac{M^2}{X_r}) \qquad (3.49)$$

Le coefficient de dispersion est défini par :

$$\sigma = 1 - \frac{M^2}{L_s L_r} \qquad (3.50)$$

Par conclusion :

$$V_r' = V_s + j\sigma X_s I_s \qquad (3.51)$$

Avec :

$$V_r' = \frac{M}{X_r g}V_r \qquad (3.52)$$

En considérant les hypothèses suivantes :

- Les trois bobines rotorique sont identiques.
- Le système est parfaitement équilibré.
- La résistance de chaque bobine est négligeable devant l'impédance présentée par son inductance.

Soit φ le déphasage arrière du courant I_s sur la tension V_s et δ' le déphasage de la tension V_r' sur la tension simple du réseau V_s

En se basant sur la figure 3.20, on peut écrire les équations suivantes :

$$I_s cos\varphi = \frac{V_r' sin\delta' - V_s}{\sigma X_s} \qquad (3.53)$$

Supervision d'une ferme éolienne pour son intégration dans la gestion du réseau électrique

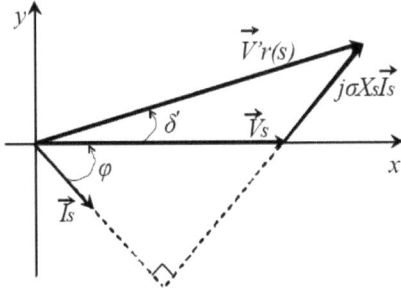

FIGURE 3.20 – Représentation vectorielle des tensions

$$I_s \sin\varphi = \frac{V'_r \cos\delta' - V_s}{\sigma X_s} \tag{3.54}$$

$$V'_r \sin\delta' = \sigma X_s I_s \cos\varphi \tag{3.55}$$

$$V'_r \cos\delta' = V_s + \sigma X_s I_s \sin\varphi \tag{3.56}$$

Donc on peut écrire les équations des puissances active et réactive comme suit :

$$Q_s = 3V_s \frac{V'_r}{\sigma X_s} \cos\delta - \frac{3V_s^2}{\sigma X_s} \tag{3.57}$$

$$P_s = 3V_s \frac{V'_r}{\sigma X_s} \sin\delta \tag{3.58}$$

En remplaçant l'expression de V'_r on obtient :

$$P_s = 3V_s \frac{M}{\sigma X_s X_r g} V_r \sin\delta' \tag{3.59}$$

$$P_s = 3V_s \frac{M}{\sigma X_s X_r g} V_r \cos\delta' - \frac{3V_s^2}{\sigma X_s} \tag{3.60}$$

Par conclusion, on obtient :

$$P_s^2 + (Q_s + \frac{3V_s^2}{\sigma X_s})^2 = (3V_s \frac{MV_r}{\sigma X_s X_r g})^2 \tag{3.61}$$

La puissance apparente décrit un cercle de centre $C_{rv}(0, -3\frac{V_s^2}{\sigma X_s})$ et de rayon $R = 3V_s \frac{MV_r}{\sigma X_s X_r g}$

En effet, la figure 3.21 présente le diagramme (P_s, Q_s) de la MADA en tenant compte de la limitation de la tension rotorique. On déduit donc la capacité de compensation de la puissance réactive comme suit :

83

Supervision d'une ferme éolienne pour son intégration dans la gestion du réseau électrique

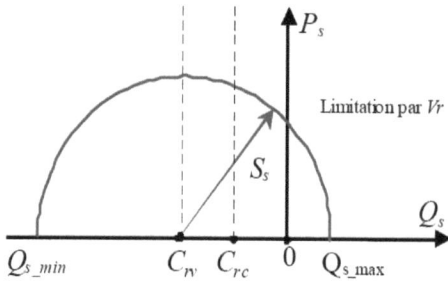

FIGURE 3.21 – Diagramme (P_s, Q_s) de la MADA avec prise en compte de la limitation de tension rotorique

$$P_s^2 + (Q_s + \frac{3V_s^2}{\sigma X_s})^2 \preceq (3V_s \frac{MV_r}{\sigma X_s X_r g} V_{rnom})^2 \qquad (3.62)$$

En s'appuyant sur l'expression précédente, les limites minimales Q_{s-min} et maximale Q_{s-max} de la capacité de production du réactif sont données par :

$$Q_{smax} = \sqrt{(\frac{3MV_s}{\sigma X_s X_r g} V_{r-nom})^2 - P_s^2} - \frac{3V_s^2}{\sigma X_s} \qquad (3.63)$$

$$Q_{smax} = -\sqrt{(\frac{3MV_s}{\sigma X_s X_r g} V_{r-nom})^2 - P_s^2} - \frac{3V_s^2}{\sigma X_s} \qquad (3.64)$$

3.5.5 Limitation de la puissance réactive par la contrainte de la stabilité en régime permanent

Pour des grandeurs constantes du courant rotorique et de la tension rotorique, la puissance active dépend du sinus de l'angle δ. La stabilité de fonctionnement est établie lorsque l'angle δ augmente de 0 à $\pi/2$ donc la puissance active augmente (l'augmentation du couple de la turbine produit une augmentation de l'angle δ ce qui engendre une augmentation du couple de la MADA). En contrepartie, l'instabilité (l'augmentation du couple de la turbine produit une croissance de l'angle δ ce qui engendre une diminution du couple de la MADA) est provoquée lorsque l'angle δ augmente de $\pi/2$ à π, la puissance active décroit. Lorsque nous allons fixer l'angle δ par $\pi/2$, on obtient deux limites de stabilité en régime permanent représentées par deux droites conformément aux équations suivantes :

$$Q_s = -\frac{3V_s^2}{X_s} \qquad (3.65)$$

$$Q_s = -\frac{3V_s^2}{\sigma X_s} \qquad (3.66)$$

Parmi les techniques de limitation de production nous allons définir la limite de stabilité en régime permanent qui est la limite la plus grande des deux et qui est considérée comme la plus significative pour assurer le fonctionnement stable de la MADA.

$$Q_{s-lim-stab} = max(-\frac{3V_s^2}{X_s}, \frac{-3V_s^2}{\sigma X_s}) \qquad (3.67)$$

Comme $\sigma \prec 1$, on aura :

$$-\frac{3V_s^2}{X_s} \succ -\frac{3V_s^2}{\sigma X_s} \qquad (3.68)$$

Par conséquent, la limite de stabilité est donnée par la droite de l'équation :

$$Q_s = Q_{s-lim-stab} = -\frac{3V_s^2}{X_s} \qquad (3.69)$$

La partie colorée en vert dans la figure 3.22 présente la zone de stabilité exprimée par l'équation précédente de la MADA en régime permanent.

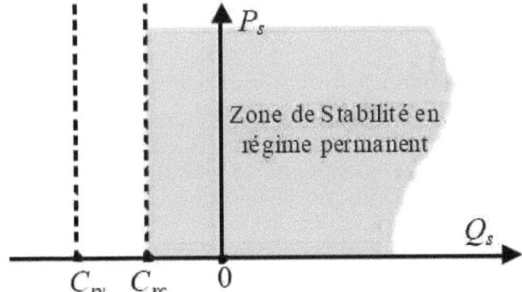

FIGURE 3.22 – Zone de stabilité en régime permanent de la MADA

En s'appuyant sur les limites de courant et de tension rotorique, C_{rc} et C_{rv} représentent respectivement les centres des cercles correspondant à l'ensemble des points (P_s, Q_s). Pour étudier la limite de compensation de la puissance réactive, une analyse des puissances active et réactive et l'étude du diagramme (P_s, Q_s) de la MADA sont nécessaires. Par conséquent, la stabilité du fonctionnement et la tension rotorique de la MADA en régime permanent constituent les principales contraintes influant sur le diagramme (P_s, Q_s) de la MADA. La limitation en tension rotorique est très sensible à la variation de la vitesse car celle-ci dépend directement du glissement de la MADA. En conclusion, l'intersection des surfaces de limitation (P_s, Q_s), présentée par la figure 3.23, résumant l'influence de toutes les contraintes, vues précédemment, détermine l'aire de la capacité de compensation du réactif X

Supervision d'une ferme éolienne pour son intégration dans la gestion du réseau électrique

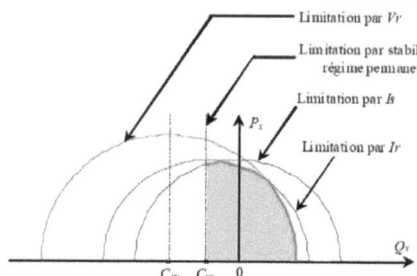

FIGURE 3.23 – Diagramme (P_s, Q_s) de la MADA avec prise en compte de toutes les contraintes

3.6 Algorithme de supervision d'une ferme éolienne basé sur la distribution proportionnelle des références de puissance

3.6.1 Introduction

Dans le domaine des systèmes de conversion d'énergie éolienne, les travaux de recherche récents s'orientent vers la conception des algorithmes de supervision des fermes éoliennes dans le but de répartir les références des puissances active et réactive sur les différentes éoliennes de la ferme. En effet, nous allons classer les algorithmes proposés en trois groupes, à savoir [42, 44] :

- Les algorithmes de supervision basés sur des régulateurs Proportionnel Intégral PI.
- Les algorithmes de supervision basés sur des fonctions d'optimisation.
- Les algorithmes de supervision basés sur une distribution proportionnelle.

On s'intéresse dans la suite de notre étude à l'algorithme de supervision basé sur une distribution proportionnelle.

3.6.2 Algorithme de supervision basé sur la distribution proportionnelle des références de puissance

Afin d'assurer la supervision locale de la puissance réactive de chaque éolienne, un algorithme basé sur la distribution proportionnelle a été développé dans le but de distribuer les consignes de puissance d'une façon proportionnelle sur les éoliennes de la ferme. En effet, cet algorithme assure pour chacune des éoliennes de fonctionner toujours loin de ses limites définies par le diagramme (P, Q). A partir des références des puissances actives et réactive totales demandées par le gestionnaire de réseau $P_{\omega F-ref}$, $Q_{\omega F-ref}$, cet algorithme détermine les références des puissances actives et réactive de chaque éolienne $P_{\omega G-ref-i}$ et $Q_{\omega G-ref-i}$. En effet, les expressions ci dessous présentent respectivement la capacité de production de la puissance active et la capacité de production de la puissance réactive de la ferme [49, 44, 42] :

$$P_{\omega F-max} = \sum_{i=1}^{n} P_{\omega G-max-i} \qquad (3.70)$$

$$Q_{\omega F-max} = \sum_{i=1}^{n} Q_{\omega G-max-i} \qquad (3.71)$$

$P_{\omega G-max-i}$, $Q_{\omega G-max-i}$ présentent les puissances active et réactive de l'éolienne i.

$P_{\omega F-max}$, $Q_{\omega F-max}$ présentent les puissances active et réactive totales de la ferme.

n : représente le nombre d'éoliennes de la ferme.

L'utilisation de la technique de distribution proportionnelle permet le dispatching des consignes des puissances actives et réactive ($P_{\omega G-ref-i}$, $Q_{\omega G-ref-i}$). En effet, cette technique assure que l'éolienne, qui a la plus grande capacité de production de puissance active, va recevoir la référence de puissance active la plus élevée. De la même manière, l'éolienne qui possède la plus grande capacité de production ou de consommation de la puissance réactive, aura le plus grand taux de participation à la gestion du réactif de la ferme éolienne

$$P_{\omega G-ref-i} = \frac{P_{\omega G-max-i}}{P_{\omega F-max}} P_{\omega F-ref} \qquad (3.72)$$

$$Q_{\omega G-ref-i} = \frac{Q_{\omega G-max-i}}{Q_{\omega F-max}} Q_{\omega F-ref} \qquad (3.73)$$

Cette stratégie assure donc que toutes les éoliennes de la ferme fonctionnent suffisamment loin de leurs capacités maximales de production et par conséquent, le risque de saturation des éoliennes ne se présente pas. En revanche, si nous sommes dans le cas où l'une d'entre elles est saturée, c'est-à-dire que l'éolienne évolue à son maximum de production ou de consommation du réactif, la puissance manquante est reportée sur les autres éoliennes encore capables de satisfaire la demande. Il est nécessaire de suivre les étapes suivantes pour assurer l'application de la stratégie de distribution proportionnelle

1- Estimation des puissances $P_{\omega G-max-i}$, $Q_{\omega G-max-i}$ de chaque éolienne.
2- Estimation des puissances $P_{\omega F-max}$, $Q_{\omega F-max}$ de la ferme.
3- Recueillir les puissances $P_{\omega F-ref}$, $Q_{\omega F-ref}$ demandées par le gestionnaire de réseau.
4- Calcul pour chaque éolienne les puissances $P_{\omega F-ref-i}$, $Q_{\omega F-ref-i}$.
5- Transmission des puissances à chaque éolienne.
6- Comparaison des puissances active et réactive de référence demandées par le gestionnaire de réseau avec celles générées par la ferme, puis retourner à 1.

Afin de mieux distribuer la production de la puissance réactive de référence au sein d'une éolienne, un algorithme de supervision locale de cette dernière a été proposé. Celui-ci permet de répartir la puissance réactive entre le stator de la MADA et le convertisseur coté réseau d'une manière coordonnée.

3.6.3 Différents mode de fonctionnement du réseau électrique

En s'appuyant sur l'algorithme présenté dans la figure 3.24, trois modes de fonctionnement du système ont été considérés [44] :

Mode 1(Delta)

Durant le mode delta, mode de fonctionnement en puissance de réserve, la ferme éolienne fonctionne en dessous de sa capacité maximale de production de la puissance active $0 \prec Q_{\omega F-ref} \prec Q_{\omega F-max}$. Pour ce mode, le stator de la MADA et le convertisseur coté réseau contribuent d'une façon coordonnée pour compenser la puissance réactive totale demandée $Q_{\omega G-ref-i}$. Afin d'utiliser la technique de distribution proportionnelle, nous allons calculer les puissances réactives de référence pour le convertisseur coté réseau $Q_{t-ref-i}$ et le stator de la MADA $Q_{s-ref-i}$.

Mode 2(MPPT)

Durant le mode MPPT, notre système de conversion d'énergie éolienne fonctionne pour délivrer son maximum de puissance active au réseau électrique uniquement à travers le stator de la MADA. En contrepartie, la totalité de la puissance réactive de référence demandée est compensée par le convertisseur coté réseau :

$$Q_{t-ref-i} = Q_{\omega G-ref-i} \quad (3.74)$$

$$Q_{s-ref-i} = 0 \quad (3.75)$$

Si :

$$Q_{t-ref-i} \prec Q_{\omega G-ref} \prec Q_{\omega F-max} \quad (3.76)$$

Donc on obtient :

$$Q_{t-ref-i} = Q_{t-max-i} \quad (3.77)$$

$$Q_{s-ref-i} = Q_{\omega G-ref-i} - Q_{t-max-i} \quad (3.78)$$

Mode 3 (défaut)

Si un défaut survient sur le réseau (un creux de tension, un court-circuit, ...etc.), ce mode de contrôle est appliqué. En effet, pour assurer la compensation de la puissance réactive demandée, le crow bar court-circuite le rotor de la MADA et le convertisseur coté réseau fonctionne comme un STATCOM, dans la limite de sa capacité maximale de production du réactif.

$$Q_{t-ref-i} = Q_{wG-ref-i} - Q_{s-mes-i} \tag{3.79}$$

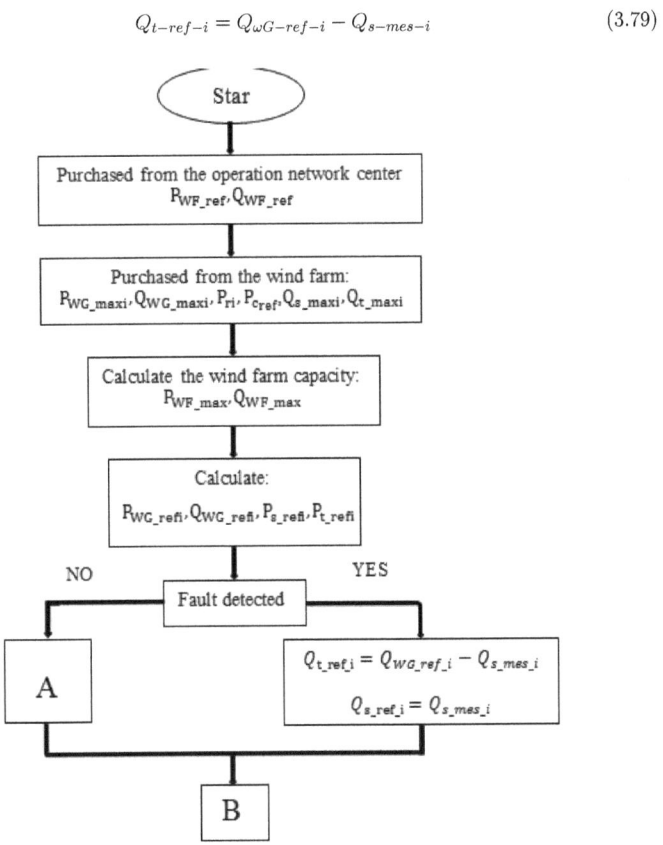

FIGURE 3.24 – Algorithme de distribution proportionnelle

A :

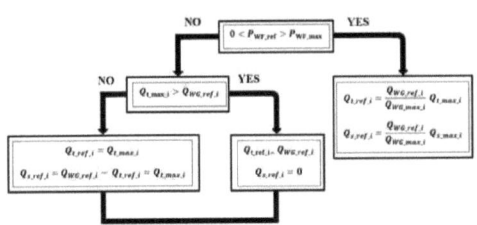

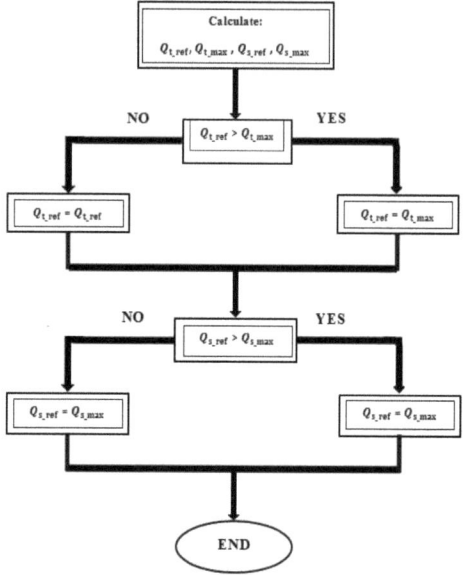

3.6.4 Description du Platform

FIGURE 3.25 – DSP TMS320f28027

Notre étude est basée sur un système de puissance basé sur la MADA. Le choix de la plate-forme est basé sur des paramètres techniques et économiques. En effet, DSP TMS320F28027,[Annexe B], présenté par la figure 3.25, développé par la société Texas Instruments, qui appartient à la famille C2000 caractérisé par une faible consommation énergétique a été choisi pour cette application. Il est conçu pour les applications de puissance suivantes :

- Commande des convertisseurs.
- Caméra de surveillance analogique.
- Eclairage.
- Moteur Automobile sans balais $48VDC 1.5KW$.
- Système de gestion Batterie HEV.
- Moteur industriel brossé DC.
- Contrôle du moteur.
- la communication de ligne électrique.
- Onduleur solaire.

Cet appareil possède un processeur 32 bits. Cette unité de traitement contient une architecture Harvard modifiée qui permet les instructions et les données récupérées, traitées en parallèle par une fréquence de 60 MHz (16,67 NS-cycles). Cette plate-forme contient les différents dispositifs de communication extérieure tels que :

- Port RS232 pour la communication de la série.
- Entrée / sortie numérique GPIO.
- Entrée / sortie analogique ADC.

Ces dispositifs permettent d'avoir une variété de choix pour assurer une communication externe selon l'application étudiée. De la même manière, elle présente la meilleure solution économique avec un prix pas cher qui ne dépassant pas 20 dollars.

3.7 Résultats de simulation défaut

Notre objectif dans cette partie est de valider l'algorithme de distribution proportionnelle pour la supervision des puissances active et réactive d'une ferme éolienne connecté au réseau d'énergie électrique. Nous considérons trois systèmes éoliens à base de MADA qui subissent trois profils de vent. En effet, notre système de puissance est simulé sous Matlab/Simulink connecté à un DSP TMS320f28027 dont lequel l'algorithme est intégré pour calculer et envoyer les références des puissances à chacune des trois chaines de conversion d'énergie éolienne dans les différents modes de fonctionnement du réseau. Dans ce contexte, notre système simule le fonctionnement du parc selon un plan de puissance active et réactive imposé par le gestionnaire de réseau [44]. Cet algorithme de commande présente à la fois la supervision centrale et la supervision locale du parc éolien. Concernant la première technique, le contrôle des puissances active et réactive totales de la ferme est assuré selon un plan de production demandé chaque heure par le gestionnaire de réseau. Quant à la technique de supervision locale, elle assure l'analyse des échanges de puissance issue depuis la ferme éolienne d'une part et estime la puissance réactive maximale de la MADA pour chaque éolienne dans les limites de la production, d'autre part. Dans notre étude, nous allons traiter le cas où la ferme éolienne passe par deux modes de

Supervision d'une ferme éolienne pour son intégration dans la gestion du réseau électrique

contrôle des puissances, à savoir le mode de fonctionnement en MPPT et le mode de fonctionnement en défaut. Tout d'abord nous allons traiter le premier mode, le parc éolien fonctionne en mode MPPT pour fournir son maximum de puissance active au réseau. Une analyse détaillé nous montre que le convertisseur coté réseau compense la totalité de la puissance réactive demandée car celle-ci est inférieure à sa puissance réactive maximale qu'il peut générer dont le stator de la MADA ne produit que de la puissance active. Afin d'assurer la supervision des puissances actives selon les données issues depuis le gestionnaire de réseau, une déconnexion de la première éolienne s'est produite pendant $t \in [30, 44]$, de même la deuxième éolienne était déconnectée durant $t \in [20, 22]$ et $t \in [102, 128]$ finalement la troisième éolienne était déconnectée durant $t \in [54, 70]$ et $t \in [130, 148]$, ce qui a conduit à l'annulation de sa production. La fourniture de l'énergie nécessaire pour la charge est assurée donc par les deux autres éoliennes. Par conséquent, les puissances générées par la ferme suivent toujours leurs références. En effet, durant la première période ($t \prec 150s$) la gestion du réactif est régie par l'algorithme de distribution proportionnelle pour répartir la puissance réactive sur les trois éoliennes de la ferme [45]. Dans le deuxième cas, un mode imprévu appelé mode « défaut », qui simule une défaillance au niveau du réseau électrique est survenu. En effet, à l'instant $t = 150$ un court-circuit survient sur le réseau, le stator de la MADA des éoliennes reste connecté au réseau en absorbant des puissances active et réactive, tandis que le rotor sera court-circuité par le crow-bar, de ce fait, cette dernière fonctionne comme un moteur en absorbant ainsi des puissances actives et réactive. Donc on peut dire que la compensation de la puissance réactive est assurée seulement par le convertisseur coté réseau dans la limite de sa capacité maximale, et dans ce cas, il fonctionne comme un STATCOM. En effet, le crow-bar est composé d'interrupteurs statiques d'électronique de puissance qui mettent en court-circuit le rotor à travers les résistances. Par conséquent, la machine asynchrone à double alimentation devient une machine asynchrone conventionnelle avec une résistance rotorique plus grande qui réduira la valeur du courant dans le rotor. Le contrôle du crow-bar est conçu de façon à s'activer uniquement pendant la durée du défaut et ainsi éviter la circulation de courants importants à travers les convertisseurs [45]. Deux cas se présentent pour notre système, soit lors du déclenchement, on remarque que le convertisseur coté rotor (CRT) est désactivé et les puissances active et réactive de la machine ne peuvent plus être contrôlées. Dans ce cas, la magnétisation du générateur est réalisée par le stator, au lieu de l'être par le rotor. Par conséquent, le convertisseur coté réseau (CRS) ne soit pas directement relié aux enroulements du générateur où des courants transitoires élevés se produisent, ce convertisseur n'est pas bloqué par la protection, permettant ainsi un fonctionnement comme compensateur statique synchrone (STATCOM), avec une production limitée de puissance réactive. Soit lors de déconnexion du crow-bar après un temps prédéfini, le CRT est reconnecté et la commande de la puissance active et réactive est à nouveau réalisable. Il présente des avantages notamment dans les éoliennes basés sur la MADA :

- Pour une même vitesse de rotation, l'augmentation de la résistance du crow-bar a un effet positif sur la stabilité dynamique du réseau car elle améliore la caractéristique du couple et réduit la demande de puissance réactive du générateur.

- L'augmentation de la résistance du crow-bar entraîne que le couple de décrochage ou couple maximal admissible du générateur correspond à une vitesse de rotation plus élevée et réduit les valeurs crêtes du courant du rotor et du couple électromagnétique au moment où se produit le défaut.

- Une résistance dans le crow-bar trop élevée peut cependant impliquer un risque de courant excessif au rotor ainsi que des transitoires de couple et de puissance réactive quand le crow-bar est désactivé.

D'après la figure 3.26, on observe que la première éolienne présente la plus grande capacité de production de puissance active donc elle a reçu la référence de puissance active la plus élevée et la référence de la puissance réactive la plus faible. En revanche, la deuxième éolienne présente la plus grande capacité de production ou de consommation de la puissance réactive, a reçu la référence de la puissance active la plus faible et la référence de la puissance réactive la plus élevée.

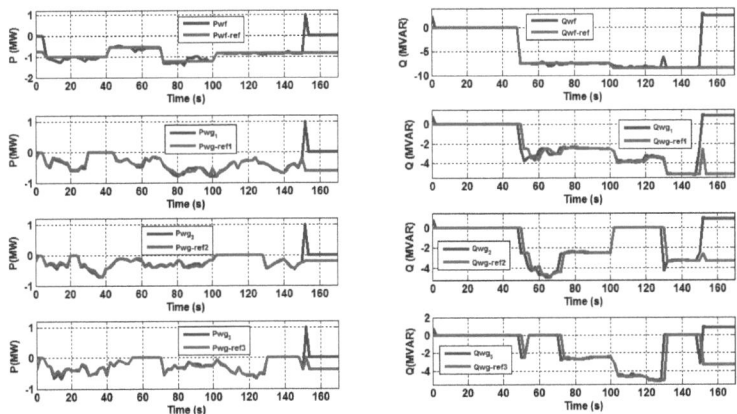

FIGURE 3.26 – résultats de simulation de la supervision d'une ferme éolienne par la méthode de la distribution proportionnelle

3.8 Approche technico-économique d'un parc éolien connecté au réseau électrique dans la région de Sfax

3.8.1 Introduction

L'énergie éolienne a connu une forte croissance ces dernières années dans lesquelles les chercheurs sont conduits à mener des investigations de façon à augmenter l'efficacité de la conversion électromécanique d'une part et à améliorer la qualité d'énergie fournie d'autre part. L'exploitation de ce type d'énergie peut être une alternative ou un complément aux sources de production classique, s'impose comme solution incontournable et se présente comme la solution la plus prometteuse dans le domaine des énergies vertes [50, 51]. On peut le trouver donc sous plusieurs formes, soit sous forme décentralisé par l'intermédiaire d'autres sources d'énergies pour alimenter un site isolé, soit connecté au réseau. Dans ce contexte, notre étude porte sur l'électrification par l'implémentation d'un parc éolien connecté au réseau électrique en vue d'alimenter un village comportant une zone urbaine et un site industriel. La surproduction est injectée vers le réseau, dans les beaux moments où on ne trouve pas le vent nécessaire, le réseau électrique doit fournir l'énergie nécessaire pour satisfaire aux besoins des abonnées. En cas de blackout, le groupe électrogène doit secourir la situation et assurer la continuité de transit d'énergie électrique à la charge [52, 53]. Nous allons voir dans cette partie le dimensionnement de l'installation de façon à étudier le potentiel du vent du site, l'analyse du profil de charge sur toute une année, le dimensionnement de l'aérogénérateur ainsi la capacité de capter de l'électricité à partir du réseau électrique en cas de besoin tout en prenant en considération l'énergie éolienne comme une source principale. Le groupe diesel est dimensionné de façon à alimenter la charge en cas de besoin. Afin d'obtenir une solution optimale pour notre installation, une approche énergétique, économique et environnemental sera traitée.

3.8.2 Présentation du logiciel Homer pro

Homer pro est un logiciel développé par le Laboratoire national des énergies renouvelables. Il est amélioré et distribué par Homer énergie. Ce logiciel nous offre la solution optimale d'un micro-réseau pour l'alimentation soit des systèmes en site isolés soit connectés au réseau électrique [54, 55]. En effet, il examine toutes les combinaisons possibles, puis il trie les systèmes en fonction de la variable d'optimisation des choix. Par conséquent, les résultats obtenus nous donnent une approche énergétique, économique et environnementale. La figure 3.27 décrit le système de puissance à étudier.

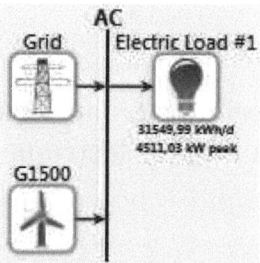

FIGURE 3.27 – Configuration du système étudié

Supervision d'une ferme éolienne pour son intégration dans la gestion du réseau électrique

3.8.3 Paramètre du site étudié

Présentation géographique du site à étudier

Dans cette étude, on va alimenter un site connecté au réseau électrique dans la région de Sfax, présenté par la figure 3.28. Elle présente la deuxième ville et le centre économique de la Tunisie. En effet, une localisation géographique est considérée [56] : 34° 44' Nord 10° 46' Est Temps : GMT +01 :00

FIGURE 3.28 – Topographe de la tunisien

Présentation météorologique du site

(a). Température : La figure 3.29 présente la variation de la température mensuelle moyenne durant 5 ans. En traitant cet histogramme, on remarque que la température dépasse 25°C pendant 6 mois de l'année [56].

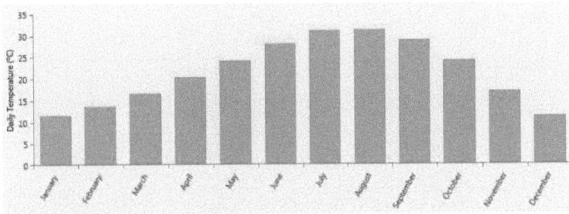

FIGURE 3.29 – Variation mensuelle de la temperature

(b). Vitesse du vent Le potentiel éolien du site est évolué à partir des valeurs de la vitesse du vent introduites dans la base de données du logiciel. En effet, lorsqu'on veut implanter un parc éolien, il faut tout d'abord penser à la place appropriée, la bonne performance de l'éolienne est obtenue pour une vitesse du vent, illustré dans la figure 3.30, qui oscille autour de 5m /s ce qui confirme notre choix de système de conversion d'énergie. HOMER pro nous permet de déterminer et de représenter la fonction de densité de probabilité de Weibull [57, 61]. Suivant les données du site, il est capable de dégager les grandeurs caractéristiques de la distribution du vent [56] :

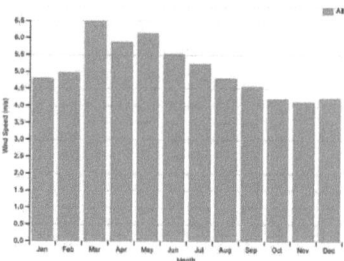

FIGURE 3.30 – Variation mensuelle de la vitesse du vent

Profile de charge

Concernant le profil de charge présenté par la figure 3.31, nous avons basé notre étude sur la consommation horaire d'un village. En effet, pendant le jour les huileries et les ateliers fonctionnent cela exprime le niveau élevé de la consommation d'énergie électrique. Mais au cours du soir, une baisse de consommation est remarquable malgré l'usage urbain dans le village. En effet, nous avons déjà déterminé la puissance maximale à fournir pour notre site d'application mais en réalité la charge varie pendant la journée donc la demande en énergie électrique varie au cours du temps [74].

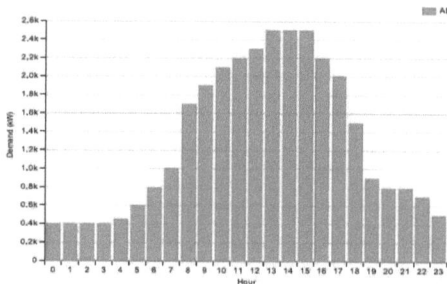

FIGURE 3.31 – Profil de charge journalié

Supervision d'une ferme éolienne pour son intégration dans la gestion du réseau électrique

Tableau 3.1 – Coûts du système de conversion éolienne

Equipement	Capital en (euro)	Remplacement en (euro)	Opérations de maintenance en (euro)	Quantité
GENERIC 1.5 MW	1300000	1300000	10000	[0,5]

Tableau 3.2 – Tableau récapitulatif du coût unitaire d'un Kw/h

Coût de vente d'un KW/h en euro	0.082
Coût d'achat d'un KW/h en euro	0.07

3.8.4 Configuration du système étudié

Système de conversion éolienne

L'aérogénérateur est un système de conversion d'énergie cinétique des particules du vent en énergie mécanique. Notre chaine éolienne est basée sur une génératrice asynchrone à double alimentation à une vitesse de rotation variable à travers un multiplicateur de vitesse. En s'appuyant sur le profil de charge, on a choisi le GENRIC 1.5 MW comme l'aérogénérateur qu'on va implanter dans notre site dont la courbe de puissance est présentée par la figure 3.32 [72, 62] :

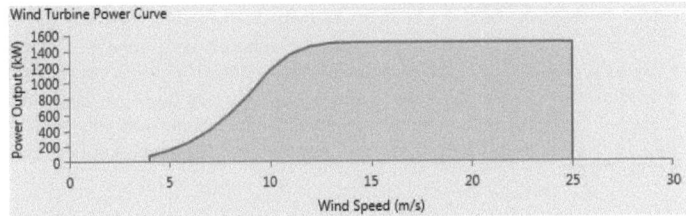

FIGURE 3.32 – courbe de puisance

En effet, afin de donner au logiciel tous les cas possibles, son coût à l'achat, son coût de remplacement et ses coûts d'opération et maintenance indiqués dans le tableau 3.1.

Réseau électrique

Le réseau électrique de transport et de distribution est exploité pour acheminer l'électricité depuis les producteurs jusqu'aux usagers, en garantissant le niveau de qualité et les conditions de sécurité optimales au meilleur coût. En effet, afin de donner au logiciel le coût de vente en cas de besoin pour alimenter la charge et le coût d'achat d'un KW/h en cas de surproduction du parc éolien indiqué dans le tableau 3.2.

Supervision d'une ferme éolienne pour son intégration dans la gestion du réseau électrique

3.8.5 Approche technico-économique d'une ferme éolienne connectée au réseau électrique dans la région de Sfax sous l'environnement de Homer pro

Aspect énergétique

La figure 3.33 présente le profil de charge mensuelle.

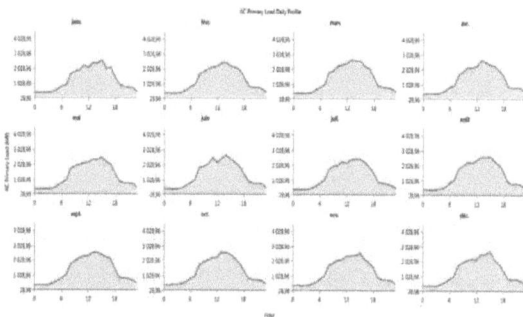

FIGURE 3.33 – Profil de charge mensuel

L'éolienne GENERIC choisie à partir de la bibliothèque interne de l'environnement HOMER pro avec puissance nominale délivrée 1500 kW. Elle a été choisie suite aux contraintes météorologiques du site imposées (vitesses du vent). De ce fait, on remarque que l'éolienne fonctionne pratiquement toute l'année, elle génère 16099362 KW/ans, illustré dans la figure 3.34, qui présente 79% par rapport à l'énergie produite total [74].

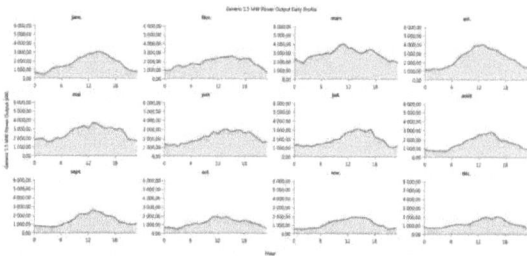

FIGURE 3.34 – Taux de production de la ferme éolienne

En effet, le reste de l'énergie produite est assuré par le réseau électrique, figure 3.35, dont lequel correspondent aux périodes les moins ventées (une vitesse du vent en m/s) tout en remarquant que la production éolienne accroît considérablement pendant les mois les plus ventés (janvier, février, mars, avril).

Supervision d'une ferme éolienne pour son intégration dans la gestion du réseau électrique

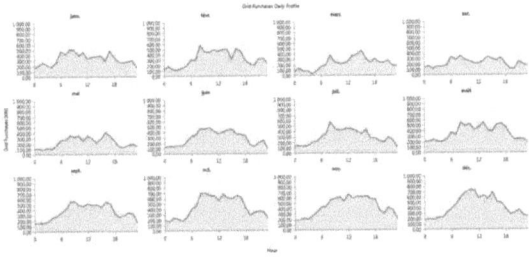

FIGURE 3.35 – Taux de production d'électricité par le réseau électrique

On observe un échange d'électricité entre le parc éolien et le réseau en cas de surproduction comme en cas de besoin. Ce phénomène est dû à l'aspect fluctuant du vent. On présente les différents détails techniques de la solution optimale envisagée où on évalue le parc éolien de point de vue énergétique, présenté par la figure 3.36 [63, 74].

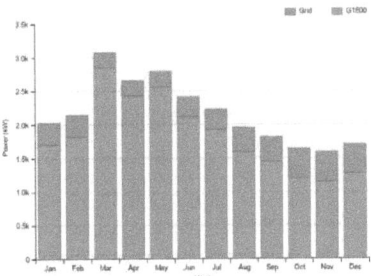

FIGURE 3.36 – Taux de puissance généré par les systèmes de puissance

La différence entre la puissance générée par la ferme éolienne et la puissance demandée par la charge présente l'excès de production en électricité. Dans ce contexte, en présence d'un excès de puissance renouvelable délivrée, présenté par la Figure 3.37, l'unité est capable d'alimenter la charge et de vendre au réseau l'excès d'électricité s'il y on a encore. En cas de défaillance, l'électrification de la charge est assurée par le réseau électrique [74].

Le modèle de Homer-Pro simplifie la tâche de concevoir des sources renouvelables d'un micro-réseau, que ce soit dans un site isolé ou bien connecté au réseau. Après la phase de la simulation du système de puissance à étudié, l'Optimisation et l'analyse de sensibilité des algorithmes de Homer, présenté par la Figure 3.38, nous permettent d'évaluer la faisabilité économique et technique d'un grand nombre d'options technologiques et de tenir compte des variations dans les coûts de la technologie. Cette étude est basé sur plusieurs paramètres à savoir la durée de vie du projet soit de 25 ans, le taux annuel d'intérêt réel qui présente 8 % et un taux d'inflation de 2%.

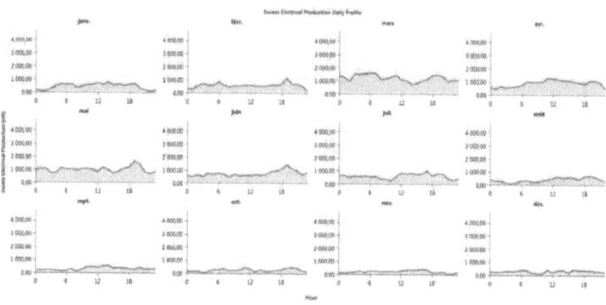

FIGURE 3.37 – Excès de production par la ferme éolienne

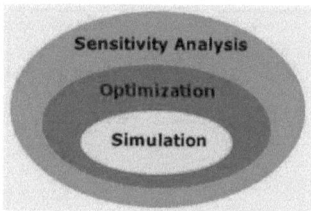

FIGURE 3.38 – Fonctionnalité du Homer-pro software

On s'intéresse dans ce qui suit à l'étude et l'analyse de sensibilité. En effet, les figures 3.39, 3.40 montrent des différents résultats dans l'approche énergétique obtenue à partir d'une ferme éolienne connectée au réseau. Il présente la sensibilité de l'énergie illustré par des différentes couleurs selon l'échelle à droite. En effet, la couleur noire a des périodes d'arrêt et / ou de production très faible, tandis que le rouge montre les deux pics et la production moyenne sont représentés par la couleur verte

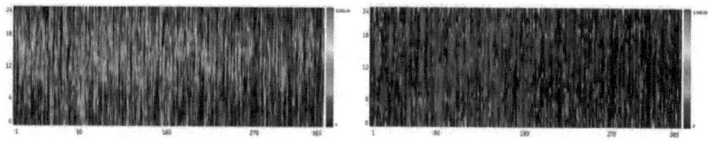

FIGURE 3.39 – Diagramme de puissance généré par la ferme éolienne et fournit par le réseau électrique

le manque de capacité est la situation où la quantité fournit par la ferme éolienne est inférieur à celle de la quantité demandée. Dans notre cas, la figure 3.41 illustre le manque de capacité qui présente 15% du profil de charge quotidienne.

Supervision d'une ferme éolienne pour son intégration dans la gestion du réseau électrique

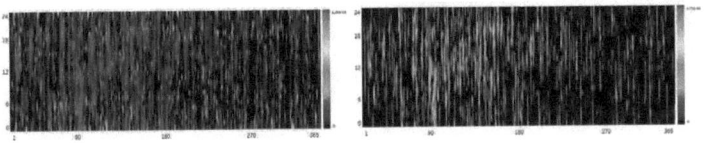

FIGURE 3.40 – Diagramme de puissance injecté dans le réseau électrique et l'excess de puissance généré par la ferme éolienne

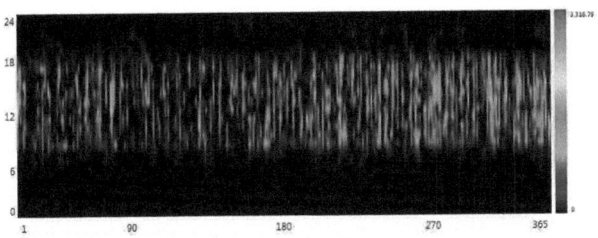

FIGURE 3.41 – Diagramme de manque de capacité

Aspect économique

Toute étude conceptuelle doit être menée de façon à succéder le mieux au compromis coût- satisfaction des besoins en énergie électrique. Généralement, les systèmes d'énergie renouvelable ont un coût d'investissement supérieur à celui des sources conventionnelles, tandis qu'ils jouissent un moindre coût d'exploitation [57, 58, 65, 66]. Notre étude se base sur les résultats fournis par HOMER pro selon le paramètre Net Present Cost, et il procède comme suit :

- Le coût de l'énergie (Cost Of Energy COE) : Ce n'est autre que le coût actualisé de l'énergie (CAE), HOMER pro le définit comme étant la moyenne du coût par kWh de l'énergie électrique utile produite par le système et il tient compte de toutes les considérations et toutes les sources. Il divise le coût annualisé de l'énergie produite par la production totale annuelle. Le COE est donné alors par :

$$COE = \frac{C_{ann-tot}}{E_{diffe} + E_{sidsales}} \quad (3.80)$$

$C_{ann-tot}$: Coût annuel total du système (dollars/an), il présente la somme des coûts annuels de chaque composant du système E_{diffe} : La charge différée servie (KWH/an) $E_{gidsales}$: Energie totale injectée dans le réseau (KWh/an), donc :

$$COE = \frac{C_{ann-tot}}{C_{utile-produite}} \quad (3.81)$$

Supervision d'une ferme éolienne pour son intégration dans la gestion du réseau électrique

- Net present cost : Comme on l'a déjà défini auparavant, le NPC est le coût net actuel et il est donné par :

$$COE = \frac{C_{ann-tot}}{F_{a(i1, R_{proj})}} \qquad (3.82)$$

Avec F_a : Facteur d'actualisation

Pour estimer le coût total du projet, il faut définir pour chaque composant de l'installation ces paramètres cités ci-dessous :

- Le capital initial.
- Le coût de fonctionnement et de maintenance.
- Le coût de remplacement.
- La durée de vie.

Grâce à toutes ces données, on peut également parler du coût de revient (euro) à la fin du projet et le définir ainsi [67, 68, 69] :

$$C_R = C_{rep} \cdot \frac{R_{rem}}{R_{comp}} \qquad (3.83)$$

$$R_{rem} = R_{comp} - (R_{proj} - R_{rep}) \qquad (3.84)$$

$$R_{rep} = R_{comp} - INT(\frac{R_{proj}}{R_{comp}}) \qquad (3.85)$$

C_R : Coût du revient (euro).

C_{rep} : Coût du remplacement du composant(euro).

R_{rem} : Durée de vie du composant (an).

R_{comp} : Durée de vie restante du composant après la fin du projet (an).

R_{proj} : Durée de vie du projet (an).

R_{rep} : Durée du coût de remplacement.

Afin d'obtenir le système de puissance adéquat à notre site, Homer nous offre des solutions sur lesquels nous allons découvrir les différents combinaisons. D'après la figure 3.42, nous allons choisir la première solution avec un coût d'installation de 6396316 euro et un coût unitaire 0.036 euro. Notre choix est basé sur le système de nous donne le maximum d'énergie renouvelable pour minimiser l'intervention du réseau électrique ainsi le dégagement des gaz polluant au niveau des centrales de production [74]. En effet, la figure 3.42 présente la sollution optimale choisit :

Dans notre cas, le coût d'installation de la sollution optimale choisit a été délivré par HOMER présenté par le tableau 3.3 :

Supervision d'une ferme éolienne pour son intégration dans la gestion du réseau électrique

Sensitivity	Architecture				Cost				System
Capacity Shortage (%)	⚠ ✚ ↕	G1500	Grid (kW)	Dispatch	COE (€)	NPC (€)	Operating cost (€)	Initial capital (€)	Ren Frac (%)
15,00	✚ ↕	4	1 000	CC	0,036 €	6 396 316 €	92 540 €	5 200 000 €	79
20,00	✚ ↕	3	1 000	CC	0,035 €	5 851 109 €	150 927 €	3 900 000 €	74
25,00	✚ ↕	3	1 000	CC	0,035 €	5 851 109 €	150 927 €	3 900 000 €	74
30,00	✚ ↕	3	1 000	CC	0,035 €	5 851 109 €	150 927 €	3 900 000 €	74

Export.. Optimization Cases: Left Double Click on simulation t

Architecture				Cost				System
⚠ ✚ ↕ G1500	Grid (kW)	Dispatch	COE (€)	NPC (€)	Operating cost (€)	Initial capital (€)	Ren Frac (%)	
✚ ↕ 4	1 000	CC	0,036 €	6 396 316 €	92 540 €	5 200 000 €	79	
✚ ↕ 5	1 000	CC	0,039 €	7 238 424 €	57 120 €	6 500 000 €	82	

FIGURE 3.42 – Détail de la solution optimale

Tableau 3.3 – Répartition du coût net de l'installation par équipement

Equipement	Capital (€)	Remplacement(€)	Opération de la maintenance (€)	Salvage (€)	Total (€)
GENERIC 1.5 MW	5200000	1657796	517100	-934274	6440622
Réseau électrique	0	0	-44308	0	-44308
système	5200000	1657796	472793	-934274	6396316

Aspect environnemental

Les émissions des gaz polluants proviennent essentiellement de la partie classique de l'installation, la réduction de leur émission reste l'objectif principal de cette étude, et ce dans l'intention de remédier aux problèmes de pollution atmosphérique d'où l'appellation énergie verte [59, 60, 70]. En effet, nous allons voir les échanges de puissance dans deux sens : Soit un échange de puissance assuré du parc éolien au réseau lors de surproduction dans lequel on n'a pas besoin de l'intervention des centrales de production. Soit un transfert d'énergie du réseau vers la charge en cas de besoin pour assurer la continuité de service dans les moments les moins ventés. Dans ce cas, on a besoin de l'intervention des centrales de production électrique qui émit des quantités de gaz à effet de serres présenté par le tableau 3.4 :

Tableau 3.4 – Quantité des gaz polluant dégagés

Gaz	Emission	Unité
Dioxide de carbone	346524	Kg/ans
Monoxide de carbone	0	Kg/ans
Dioxide de sulfate	1502	Kg/ans
Dioxide de nitrogène	735	Kg/ans

Conclusion

Au cours de ce chapitre, nous avons étudié tout d'abord les principales réglementations techniques pour la connexion des fermes éoliennes au réseau, qui sont imposées par le gestionnaire de ce dernier. Ensuite, une description des différents algorithmes de supervision des fermes existantes dans la littérature en détaillant les algorithmes basés sur des fonctions objectives et les algorithmes basés sur la distribution proportionnelle des références de puissance. De ce fait, l'utilisation de ce dernier nécessite l'estimation de la puissance aérodynamique de chaque éolienne qui assure le fonctionnement sans saturation car leurs références de puissance sont définies en tenant compte de leur capacité maximale de production. Par conséquent, cette technique attribue les références de puissance les plus élevées aux éoliennes ayant la plus grande capacité de production. Cette estimation permet un bon fonctionnement de l'algorithme implémenté. Pour maintenir la supervision locale, nous avons utilisé un algorithme de la gestion locale du réactif pour chacune des éoliennes de la ferme afin de coordonner la répartition des références de la puissance réactive entre le stator de la MADA et le convertisseur coté réseau durant trois modes de fonctionnement. Enfin, des résultats de simulation ont été présentés afin de montrer la validité de l'algorithme utilisé pour la supervision centralisée des puissances de la ferme et aussi pour confirmer les avantages de l'algorithme de supervision locale proposée. Finalement, nous avons présenté une étude de préfaisabilité technico-économique d'un parc éolien connecté au réseau électrique pour l'alimentation d'un village dans la région de Sfax. Le dimensionnement de notre système est basé sur les données météorologique et radiométrique de la région a étudié. Le dimensionnement d'un tel système de conversion est toujours nécessaire pour rendre plus compétitive l'intégration des sources d'énergie alternative dans le bilan des grands systèmes de production d'énergie. Dans ce contexte, Nous avons configuré ce système pour produire de l'énergie en utilisant des aérogénérateurs connecté au réseau électrique. Dans le processus d'optimisation, Homer pro simule plusieurs possibilités de dimensionnement et trie les meilleurs résultats, selon le point de vue économique et énergétique. Par conclusion, l'approche de modélisation sous HOMER pro a pour but de réduire le coût de conception et les temps de mise sur le marché et choisir l'architecture optimale la plus adéquate avec les conditions climatiques du site, pour que notre projet puisse voir le jour. Les simulations numériques présentées ont permis de montrer que le système de production est capable de nous satisfaire sous plusieurs contraintes. Par conclusion, notre choix est basé sur les résultats suivants :

- Un taux de participation de l'énergie de 79% de l'énergie consommée par la charge.
- Un coût unitaire de 0.036 euro par KW/H.
- Coût d'installation 6396316 euro.
- Emission minime de gaz à effet de serre.

Le chapitre suivant s'intéresse à l'étude de stabilité d'un réseau électrique lors de l'intégration d'une ferme éolienne d'une part et lors de l'apparition d'un court-circuit d'autre part. Elle est basée sur des régulateurs agissant sur les sources traditionnelles pour surmonter les problèmes rencontrés.

Références

[41] J. Zhao, X. Li, J. Hao, J. Lu, "Reactive power control of wind farm made up with doubly fed induction generators in distribution system" Electric Power Systems Research, Elsevier, vol. 80, no. 06, pp. 698-706, June 2010.

[42] T. Ghennam, B. Francois, E.M. Berkouk, "Local supervisory algorithm for reactive power dispatching of a wind farm", 13th European Conference on Power Electronics and Applications (EPE 2009), Barcelona, Spain, 5-8 September 2009.

[43] A. Beugniez, T. Ghennam, B. François, E. M. Berkouk, B. Robyns, "Centralizedsupervision of reactive power generation for a wind farm", 12th European conference onpower electronics and applications (EPE 2007), Aalborg, Denmark 02-05, September 2007.

[44] Walid Ouled Amor, Moez Ghariani, Soltana Guesmi,'Supervision of a Grid-Connected Wind Farm by the Electric Production Distribution Method', International journal of renewable energy research.

[45] A. Ahmidi "Participation de parcs de production éolienne au réglage de la tensionet de la puissance réactive dans les réseaux électriques", Thèse de doctorat en génie électriquede l'Ecole Centrale de Lille, pp. 1-200, décembre 2010.

[46] P. Cartwright, L. Holdsworth, J.B. Ekanayake and N. Jenkins, "Co-coordinatedvoltage control strategy for a Doubly Fed Induction Generator (DFIG)-based wind farm", IEEProceeding, generation, transmission and distribution. vol. 151, no.4, pp. 495-502, July 2004.

[47] J. Fortmann, M. Wilch, F. W. Koch, I. Erlich, "A Novel Centralized Wind Farm Controller Utilising Voltage Control Capability Of Wind Turbines", 16th PSCC, Glasgow,Scotland, July 14-18, 2008.

[48] A. D. Hansen, P. Sorensen, F. Iov, F. Blaabjerg, "Centralised power control of wind farm with doubly fed induction generators", Renewable and Sustainable Energy, vol. 31, no. 07, pp. 935–951, 2006.

[49] Y. Li, Y. Cao, Z. Liu, Y. Liu, Q. Jiang, "Dynamic optimal reactive power dispatch based on parallel particle swarm optimization algorithm", Computers and Mathematics with Applications, vol. 57, no. 11-12, pp. 1835-1842, 2009.

[50] S. goel, S. majid ali, "Feasibility study of hybrid energy systems for remote area electrification in odisha, india by using homer", International Journal of Renewable Energy Research, Vol3, no. 3.

[51] A. Vincent Anayochukwu, N. Anthony Ndubueze, "Potentials of Optimized Hybrid System in Powering Off-Grid Macro Base Transmitter Station Site", International Journal of Renewable Energy Research, Vol.3, No.4, 2013.

[52] D. Kumar Lal1, B. Bhusan Dash2, A. K. Akella3, "Optimization of PV/Wind/Micro-Hydro/Diesel Hybrid Power System in HOMER for the Study Area", International Journal on Electrical Engineering and Informatics, Volume 3, Number 3, 2011.

[53] D. Saheb-Koussa, M. Haddadi, Belhamel, "Feasibility study and optimization of a hybrid system with provision of electric energy completely independent",Journal of fundamental and applied sciences.

[54] Essam A. Al-Ammar, Nazar H. Malik, Mohammad Usman, "Application of Using Hybrid Renewable Energy in Saudi Arabia, Engineering", Technology and Applied Science Research Vol. 1, N°4, 2011.

[55] Niharika Varshney1, M. P. Sharma2, D. K. Khatod, "Sizing of Hybrid Energy System using HOMER", International Journal of Emerging Technology and Advanced Engineering Volume 3, Issue 6, June 2013.

[56] Institut National de la Météorologie de la Tunisie.

[57] Austin Wasonga, Michael Saulo, Victor Odhiambo, "Solar-wind hybrid energy system for new engineering complex- technical university of Mombasa", International Journal of Energy and Power Engineering, Special Issue : Electrical Power Systems Operation and Planning. Vol. 4, No. 2-1, 2015.

[58] J. B. Fulzele, Subroto Dutt, "Optimium Planning of Hybrid Renewable Energy System Using HOMER", International Journal of Electrical and Computer Engineering (IJECE) Vol. 2, No. 1, February 2012, pp. 68 74.

[59] Md. Aaju Ahmed, Subir Ranjan Hazra, Md. Mostafizur Rahman, Rowsan Jahan Bhuiyan, "Solar-biomass hybrid system : Proposal for rural electrification in bangladesh", Electrical and Electronics Engineering : An international journal vol 4, no 1, february 2015.

[60] Ajay Sharma, Anand Singh, Manish Khemariya, "Homer Optimization Based Solar PV; Wind Energy and Diesel Generator Based Hybrid System", International Journal of Soft Computing and Engineering (IJSCE), Volume-3, Issue-1, March 2013.

Références

[61] Anchal Paliya, Manish Khemariya, Naveen Aasati, "Optimization of hybrid system using homer", International Journal of Advanced Technology and Engineering Research.

[62] Smruti Ranjan Pradhan, Prajna Pragatika Bhuyan, Sangram Keshari Sahoo, G.R.K.D.Satya Prasad, "Design of Standalone Hybrid Biomass and PV System of an Off-Grid House in a Remote Area", Smruti Ranjan Pradhan et al Int. Journal of Engineering Research and Applications, Vol. 3, Issue 6, Nov-Dec 2013.

[63] Niharika Varshney, M. P. Sharma, D. K. Khatod, "Sizing of Hybrid Energy System using HOMER", International Journal of Emerging Technology and Advanced Engineering, Volume 3, Issue 6, June 2013.

[64] GM Shafiullah, Amanullah M.T. Oo , ABM Shawkat Ali , Dennis Jarvis , Peter Wolfs, "Economic Analysis of Hybrid Renewable Model for Subtropical Climate", International journal of Thermal and Environmental Engineering Volume 1, No. 2 (2010).

[65] Ravindrakumar M Desai, Ketan Bariya, "Study of Power Management System for Hybrid Renewable Solar and Wind Power Plant in Isolated Grid", JETIR, February 2015, Volume 2, Issue 2.

[66] Pragya Nema, Sayan Dutta, "Feasibility Study of 1 MW Standalone Hybrid Energy System : For Technical Institutes", Scientific research 2012, p 63-68.

[67] M.J. Khan, M.T. Iqbal, "Pre-feasibility study of stand-alone hybrid energy systems for applications in Newfoundland", Renewable Energy 30 (2005) 835–854.

[68] M. Alabdul Salam, A. Aziz, Ali H A Alwaeli, H. A Kazem, ''Optimal Sizing of Photovoltaic Systems using HOMER for Sohar, Oman, International Journal of Renewable Energy Research , Vol.3, No.3, 2013.

[69] J. G. Fantidis, D. V. Bandekas, C. Potolias, N. Vordos, ''The Effect Of The Financial Crisis On Electricity Cost For Remote Consumers : Case Study Samothrace (Greece)", International Journal Of Renewable Energy Research, Vol.1, No.4, pp.281-289 ,2011.

[70] S. Goel, S. Majid Ali, ''Cost Analysis of Solar/Wind/Diesel Hybrid Energy Systems for Telecom Tower by Using HOMER", International Journal of Renewable Energy Research, Vol.4, No.2, 2014.

[71] K. E. Okedu, R. Uhunmwangho, ''Optimization of Renewable Energy Efficiency using HOMER", International Journal of Renewable Energy Research, Vol. 4, No. 2, 2014.

[72] Walid Ouled Amor, Arafet Ltifi, Moez Ghariani,"Study of a wind energy

Références

conversion systems based on DFIG", IREMOS, Vol 7, N4, August 2014.

[73] Chadha Weslatı, Lotfi Krıchen, 'Study and design of a hybrıd productıon unit for ısland Kerkennah, research master in power conversion and renewable energy, 2013.

[74] Walid Ouled Amor, Hassen Ben Amar, Moez Ghariani, Energetic and Cost Analysis of Two Conversion Systems Connected To The Grid By Using Homer Pro, International journal of renewable energy research.

Chapitre 4

Etude de stabilité d'une ferme éolienne connectée au réseau électrique

4.1 Introduction

L'évolution potentielle de la demande de l'énergie électrique et les contraintes économiques conduisent à l'exploitation des réseaux électriques près de leurs limites de stabilité et de sécurité. L'exploitation du réseau électrique a pour but d'acheminer l'électricité depuis les producteurs jusqu'aux usagers, en garantissant le niveau de qualité et les conditions de sécurité optimales au meilleur coût. Par conséquent, la stabilité des réseaux électriques devient une des préoccupations majeures pour les fournisseurs d'électricité. Pour toutes les petites variations ainsi que pour les conditions sévères, ces systèmes de puissance doivent rester stables au voisinage de leurs points de fonctionnement [88]. Durant la dernière décennie, le développement et l'exploitation des ressources énergétiques renouvelables ont connu une forte croissance. En effet, l'utilisation d'un système de conversion d'énergie éolienne pouvant être une alternative ou un complément aux sources de production classique, s'impose comme une solution incontournable et se présente comme la solution la plus prometteuse dans le domaine des énergies renouvelable. Afin d'intégrer un parc éolien dans le réseau électrique, des perturbations survient sur le réseau, influent sur la qualité d'énergie produite ainsi la stabilité du réseau. Dans ce contexte, l'amélioration de la stabilité aux petites perturbations est devenue un objectif primordial pour les chercheurs. Par conséquent, la stabilité peut être subdivisée, selon l'effet de la perturbation, sur les variables électriques du réseau, et principalement sur les machines. Elle est donc classée en trois catégories : la stabilité angulaire, qui étudie les excursions angulaires des rotors des machines synchrones, la stabilité de tension et la stabilité de fréquence du réseau. Elle peut être classée aussi selon la durée du phénomène, à savoir stabilité statique, transitoire et dynamique [88]. Les origines de cette dernière étaient faciles à identifier et des mesures correctives ont été mises au point. En conclusion, on a besoin donc d'un modèle assez représentatif pour le système étudié. La majorité des études de stabilité se trouve sur la stabilité angulaire aux petites perturbations laquelle présente l'une des méthodes d'améliorer la capacité d'un système électrique à résister contre les grands incidents et d'intégrer au générateur synchrone des régulateurs TG, AVR et PSS. Notre objectif est d'assurer l'intégration d'une ferme éolienne au réseau électrique sans affecter sa stabilité. Au cours de ce chapitre, nous allons étudier tout d'abord la stabilité de réseau électrique lors de la connexion d'une ferme éolienne d'une part et durant l'application d'un défaut de court-circuit d'autre part. Le système étudié dans cette partie est modélisé par le logiciel PSAT développé sous Matlab/Simulink.

4.2 Initiation sur le système de puissance

Afin de pouvoir comprendre les différents problèmes qui influent sur la stabilité des réseaux électriques, plusieurs recherches complexes et diverses ont été élaborées. En effet, de multiples définitions ont été suggérées tout en tenant compte des différents aspects agissant sur l'état stable d'un système. Par définition, la stabilité d'un système d'énergie électrique est sa capacité pour une condition de fonctionnement initiale donnée de retrouver le même état ou un autre état d'équilibre proche après avoir subi une perturbation physique, en gardant la plupart des variables de système dans leurs limites, de sorte que le système entier reste pratiquement intact [87]. En effet, à partir de la figure 4.1 on distingue trois types de stabilité suivant la nature et l'amplitude de la perturbation :

- La stabilité de tension
- La stabilité de fréquence
- La stabilité de l'angle rotorique

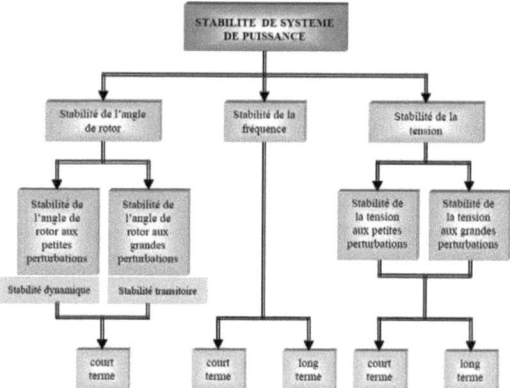

FIGURE 4.1 – Différents types de stabilité du système de puissance

4.2.1 Les différents types de stabilité

Stabilité de tension

On peut définir la stabilité de tension comme étant la capacité d'un système de puissance de conserver l'équilibre entre la puissance demandée par la charge et celle qui lui est fourni, tout en tenant compte d'une condition de fonctionnement initiale donnée. Elle se manifeste par sa capacité de maintenir des valeurs de tensions acceptables à tous les nœuds du système après avoir été affecté soit par de petites ou de grandes perturbations [88, 87].

Stabilité de fréquence

Suite à un déséquilibre expressif entre la production et la charge, une perturbation grave peut intervenir au réseau électrique. La stabilité de fréquence est donc la capacité du réseau électrique de dépasser toute perturbation et maintenir la fréquence dans ses limites tolérables afin de pouvoir restaurer l'équilibre entre la production et la charge. Les variations de la fréquence se présentent sous forme d'oscillations menant au déclenchement des unités de production et ou de charge. Le fonctionnement des dispositifs et des processus concernés peut s'étendre d'une fraction de seconde à plusieurs minutes, ce qui implique que la stabilité de fréquence peut être un phénomène à court ou à long terme [88, 87].

Stabilité de l'angle de rotor

Lors d'une perturbation du système, la puissance électrique de la machine varie rapidement contrairement à la puissance mécanique fournie à la machine qui sera lente. Une différence de vitesse de réponse à cette perturbation est donc évidente, ce qui en résulte l'existence d'un écart temporaire d'équilibre de puissance menant à la variation des couples agissant sur le rotor. Par conséquent, une accélération ou décélération du rotor prend naissance selon le sens de déséquilibre, et le générateur perd donc son synchronisme avec le reste du système. Afin de restaurer la stabilité du système, on doit surmonter ce déséquilibre de puissance avant que la machine soit mise hors service par une protection de survitesse ou de perte de synchronisme. Elle peut être définit comme étant la capacité des machines synchrones du réseau électrique interconnecté de conserver le synchronisme après avoir subi une perturbation. La stabilité de l'angle rotorique dépend donc de la capacité du système de maintenir l'équilibre entre le couple électromagnétique et le couple mécanique de chaque machine synchrone [87]. De ce fait, l'instabilité de puissance se présente sous forme d'accroissement des oscillations angulaires de quelques générateurs, ce qui mène à leur perte de synchronisme avec d'autres générateurs du système. On peut classer la stabilité de l'angle rotorique en deux catégories, selon l'amplitude de la perturbation à savoir stabilité angulaire aux petites perturbations (stabilité dynamique) et stabilité transitoire :

- Stabilité dynamique : Pour un réseau électrique donné, l'instabilité angulaire aux petites perturbations se rapporte à des oscillations rotoriques faiblement amorties ajoutées au mouvement uniforme du fonctionnement normal du système concerné. Ces oscillations puissent prendre lieu lors de l'extension

Etude de stabilité d'une ferme éolienne connectée au réseau électrique

d'une interconnexion et l'incorporation de celles des systèmes moins robustes. Suivant le mode oscillatoire, les fréquences qui caractérisent ces oscillations prennent des valeurs entre 0.2 et 2 Hz. Il existe des modes d'oscillation qui sont plus difficiles à amortir que d'autres modes ; ce sont les modes interrégionaux où les machines d'une région oscillent en opposition de phase avec celles d'une autre région.

- Stabilité angulaire transitoire : Au cas d'un court-circuit éliminé trop tard, ou la perte de plusieurs équipements de transport, une perte de synchronisme des générateurs a lieu et se solde par le déclenchement des unités concernées. Ceci définit l'instabilité angulaire aux grandes perturbations, dite instabilité transitoire.

4.2.2 Modélisation du réseau électrique

Modélisation du réseau de transport

Toutes les centrales électriques sont reliées entre elles par un réseau de transport qui répartit la puissance aux multiples consommateurs. Ce réseau contient des éléments principaux indispensables qui sont : les générateurs d'énergie électrique, les transformateurs, et les lignes. Il inclut ainsi d'autres éléments auxiliaires, on peut noter les systèmes de protection, les condensateurs en série, les réactances shunts et les systèmes de compensation.... Il existe trois types de nœuds qui caractérisent un réseau électrique, à savoir :

- Nœud producteur (PV) : Tout en considérant une puissance active et une tension connues, le nœud producteur est connecté directement à une source d'énergie ou un générateur. En fait, la production de la puissance réactive est limitée suivant la relation suivante : $Q_{g-min} \prec Q \prec Q_{g-max}$ Lors de l'atteinte de l'une de ces deux valeurs limites, la puissance réactive se fixe à cette valeur, et la tension se libère. Dans ce cas, le nœud devient producteur.

- Nœud de charge (PQ) : C'est un nœud qui est lié directement à la charge où les puissances actives et réactives sont supposées connues.

- Nœud bilan : Le nœud bilan est connecté directement à un générateur relativement puissant. En effet, on utilise ce type de nœud pour le calcul d'écoulement de puissance tout en considérant l'amplitude et l'angle de tension connus. Cette méthode est concernée pour la compensation des pertes actives et maintenir l'équilibre entre la demande et la génération de la puissance active.

Modèle de la ligne de transport

La ligne de transport est présentée sous forme d'un modèle en Π. La figure 4.2 contient une impédance série (Résistance R en série avec une Réactance inductive X), et une admittance shunt qui est caractérisée par une susceptance capacitive B (due à l'effet capacitif de la ligne avec la terre).

Etude de stabilité d'une ferme éolienne connectée au réseau électrique

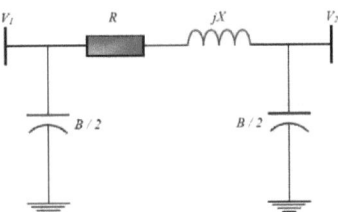

FIGURE 4.2 – Modèle en Π d'une ligne électrique

Modèle du transformateur

Afin de rendre l'électricité transportable sur de longues distances, le transformateur permet d'élever l'amplitude de la tension. Il peut également abaisser la tension, coté consommateurs, en la ramenant aux valeurs requises dans le réseau de distribution BT. Le transformateur est modélisé par un schéma de quadripôle en Π non symétrique présenté par la figure 4.3.

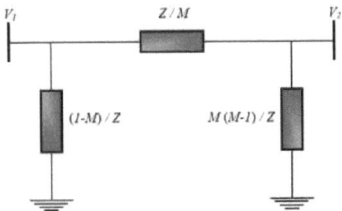

FIGURE 4.3 – Modèle en Π d'un transformateur

Equipements de compensation de l'énergie réactive

De point de vue économique, le transport de l'énergie réactive sur de longues distances n'est pas approuvable, à cause de l'augmentation des pertes actives. Par conséquent, la production de cette énergie doit être la plus proche possible de leur limite du point de consommation. De ce fait, on utilise dans le réseau électrique des bancs condensateurs. Ces bancs sont placés au niveau des nœuds et des lignes de transport, et leur manipulation est traitée manuellement. Ils sont modélisés par une admittance shunt avec une susceptance et conductance fixe, respectivement, b et g insérées dans la matrice admittance selon les équations suivantes :

$P = gV^2$

$Q = bV^2$

Etude de stabilité d'une ferme éolienne connectée au réseau électrique

Modélisation des charges

Cette partie s'intéresse uniquement aux charges passives qui comportent une partie de puissance active et une partie de puissance réactive fixe, caractérisée par l'expression suivante : $P = P_l$

$$Q = Q_l$$

Modélisation de la génératrice synchrone

La machine synchrone est la source principale de l'énergie électrique dans les systèmes de puissance. En effet, la machine synchrone, de quatrième ordre, représente l'élément essentiel dans l'étude de la stabilité d'un réseau électrique, en se basant sur les hypothèses suivantes :

- La résistance des circuits rotoriques et statoriques sont négligeables.
- L'influence des enroulements amortisseurs est négligeable. Cela permet de réduire l'ordre du système et le nombre des paramètres à connaître et qui sont difficiles à identifier.
- Le champ magnétique présente une répartition sinusoïdale dans l'entrefer.
- La saturation de ce champ est négligée.
- Le phénomène de l'hystérésis et des courants de Foucault ne sont pas pris en compte.
- La variation de la vitesse dans les équations des tensions statoriques est négligée.

Les équations suivantes correspondent aux fonctionnements dynamiques des machines [78, 77] :

$$\dot{\delta} = \omega_d(\omega - 1) \qquad (4.1)$$

$$\dot{\omega} = \frac{T_m - T_\varepsilon - D(\omega - 1)}{M} \qquad (4.2)$$

$$\dot{e}'_q = \frac{-f_s(e'_q) - (x_d - x'_d)i_d + v'_f}{T'_{d0}} \qquad (4.3)$$

$$\dot{e}'_d = \frac{-(e'_d) - (x_q - x'_q)i_q}{T'_{q0}} \qquad (4.4)$$

Les régulateurs d'un système de puissance

Un réseau électrique exige l'existence de divers régulateurs. Cette technique assure l'augmentation de la stabilité, les marges de stabilité, ou la puissance traversée en lignes. Globalement, on peut définir deux types de régulateurs pour les systèmes d'excitation : le régulateur automatique de tension AVR, et le stabilisateur de puissance PSS (Power System Stabiliser). La figure 4.4 montre les deux principales boucles de commande du générateur.

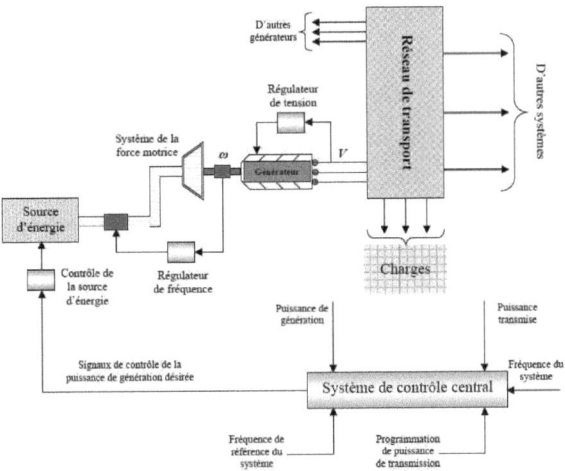

FIGURE 4.4 – Description du système de puissance

- Turbine et régulateur de fréquence Les composants indispensables d'un système de force motrice sont : une source d'énergie primaire, une turbine (équipée d'un servomoteur), et un régulateur de fréquence (gouverneur). La figure 4.5 présente la chaine de production contenant les composants susmentionnés.

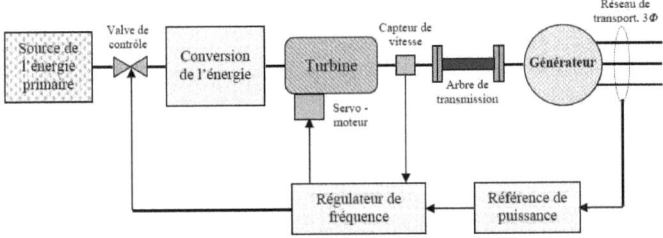

FIGURE 4.5 – Description schématique d'une chaine de production

L'énergie potentielle fournie par la source est transformée, par la turbine, en énergie de rotation de l'arbre (rotor) sur lequel est installé l'alternateur. Ce dernier convertit l'énergie mécanique livrée par la turbine en énergie électrique. La vitesse du rotor est mesurée, évaluée et comparée à celle de référence. Ici intervient le rôle du régulateur de fréquence qui agit sur le servomoteur pour ouvrir ou fermer les vannes de contrôle afin de rectifier la vitesse du générateur. En effet, la turbine maintient la vitesse du rotor du générateur synchronisée avec la fréquence du système de puissance. La figure 4.6 illustre le modèle de la turbine à vapeur/gouverneur traité en simulation dynamique du modèle non-linéaire.

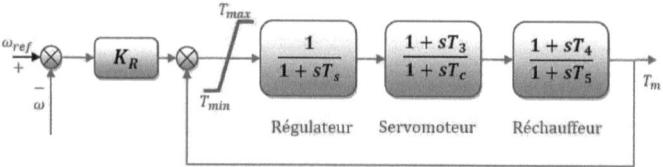

FIGURE 4.6 – Modèle de la turbine et du gouverneur

Le régulateur de vitesse qu'on a choisi dans notre cas est de type II et décrit par l'équation suivante [88] :

$$\dot{t}_g = \frac{(\frac{1}{R}(1 - \frac{T_1}{T_2})(\omega_{ref} - \omega) - t_g)}{T_2} \quad (4.5)$$

- Les régulateurs de tension AVR

Pour parvenir à résoudre le problème des oscillations des réseaux électriques, la première solution qui était proposée consiste à l'utilisation des alternateurs d'enroulements amortisseurs. Néanmoins, cette solution se révèle insuffisante lorsque les réseaux s'approchent de leur limite de stabilité. En d'autres termes, les régulateurs de tension (AVR) subventionnent à améliorer la stabilité en régime permanent, malgré qu'ils deviennent insuffisants pour les problèmes haussant de la stabilité transitoire. En fait, le couple ajouté par les régulateurs de tension AVR n'est pas assez suffisant pour agir auprès des oscillations dans le réseau. Notez bien que les forts transits de puissance sur l'interconnexion des réseaux accroîtraient le phénomène d'instabilité [87, 75, 78].

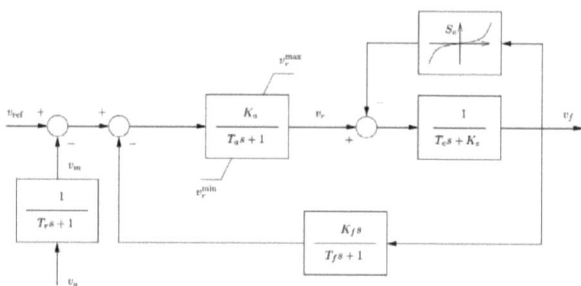

FIGURE 4.7 – Système d'excitation de type II

L'AVR utilisé dans notre étude est celui de type II, décrit par les équations suivantes :

$$\dot{V}_m = \frac{V_g - V_m}{T_R} \tag{4.6}$$

$$\dot{V}_{r1} = \frac{K_A(V_{ref} - V_m - V_{r2} - E_{fd}\frac{K_F}{T_F}) - v_{r1}}{T_A} \tag{4.7}$$

$$\dot{V}_{r2} = -\frac{V_{r2} + E_{fd}\frac{K_F}{T_F}}{T_F} \tag{4.8}$$

$$\dot{E}_{fd} = \frac{-(E_{fd}(K_E + S_e(E_{fd})) - V_{r1}}{T_E} \tag{4.9}$$

- Fonctionnement et modèle de PSS :

La figure 4.8 illustre le modèle de liaison entre le PSS et notre système. En effet, la présence de PSS approuve l'ajout d'un signal de tension proportionnel à la variation de vitesse du rotor dans l'entrée du régulateur de tension AVR du générateur concerné [76, 77].

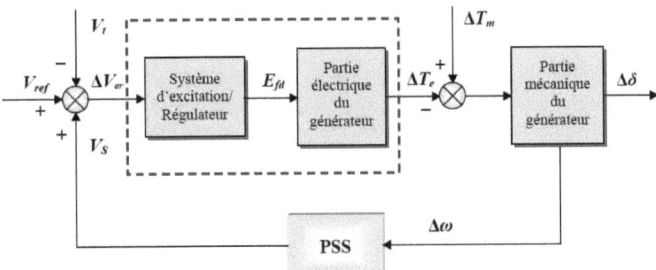

FIGURE 4.8 – Modèle de liaison entre le PSS et le système

On peut ainsi conclure que le système de contrôle d'excitation (AVR et PSS) doit approvisionner les deux conditions suivantes :

(a) Perfectionner l'amortissement des oscillations électromécaniques liées aux deux types de modes locaux et globaux.

(b) Assurer la stabilité transitoire du système tout en soutenant les premières oscillations faisant suite à une grande perturbation.

D'une manière générale, le choix de signal d'entrée d'un PSS est une étape délicate. De toute façon, on peut obtenir un bon résultat dans la condition où l'entrée du PSS est soit la variation de vitesse du rotor $\Delta\omega$, soit la variation de puissance produite par le générateur Δpe, ou bien la fréquence du jeu de barres Δf. Le PSS fréquemment utilisé est le PSS conventionnel ou bien dit PSS avance/retard présenté par la Figure 4.9. Il se compose essentiellement de quatre blocs indispensables à savoir un bloc d'amplificateur, un bloc de filtre passe-haut (filtre Wash-out), un bloc de compensation de phase et un limiteur.

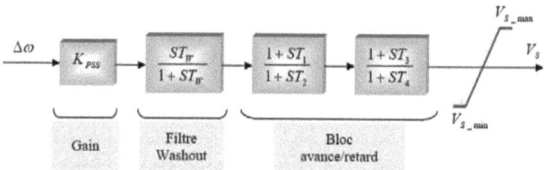

FIGURE 4.9 – Modèle d'un PSS type avance de phase

(a) Amplificateur :

Il est utilisé pour la détermination de la valeur l'amortissement K_{pss} ajouté par le PSS. Cette valeur varie généralement de 0.01 à 50, mais théoriquement elle doit correspondre à l'amortissement maximal.

(b) Filtre passe-haut :

Dans le signal d'entrée, il existe des oscillations à très basses fréquences (inférieures à 0.2 Hz). Le rôle du filtre passe-haut c'est d'éliminer ce type d'oscillations. Ainsi, il évite la composante continue de la vitesse (composante DC du régime statique). Ceci impose au PSS de ne réagir que lorsqu'il existe des variations de vitesse. Par conséquence, on remarque une amélioration considérable au niveau de la stabilité de la première oscillation avec une valeur T_ω égale à 5 secondes.

(c) Filtre de compensation de phase :

Entre le couple électrique du générateur ΔT_e et l'entrée du système d'excitation ΔV_{er}, il existe un retard de phase notable auquel est associé l'origine de l'amortissement négatif. Souvent, on utilise un bloc d'avance/retard de phase afin de compenser la phase nécessaire, parce qu'un bloc d'avance de phase pure reste insuffisant pour accomplir cette tâche. On s'appuie globalement sur l'utilisation d'au moins deux étages de compensation de phase dont la fonction de transfert de chacun est une simple combinaison de pole-zéro. Les constantes de temps d'avance (T_1, T_3) et de retard (T_2, T_4) sont réglables. L'intervalle de chacune s'étend de 0.01 à 6 secondes.

(d) Limiteur :

Parfois, lorsque le régulateur de tension tente à maintenir la tension lors des conditions transitoires, le PSS a tendance à perturber son bon fonctionnement par saturation. Pour cette raison, il est nécessaire d'insérer un limiteur dans le PSS afin de limiter son effet pénible durant les phases transitoires. Le PSS traité dans notre cas est celui de type II. Dans ce qui suit, les équations qui décrivent son fonctionnement [88, 78] :

$$\dot{V}_m = -\frac{(K_w V_{s1} + V_1)}{T_w} \qquad (4.10)$$

$$\dot{V}_2 = \frac{(1 - \frac{T_1}{T_2})(K_w V_{s1} + V_1) - V_2}{T_2} \qquad (4.11)$$

$$\dot{V}_3 = \frac{(1 - \frac{T_3}{T_4})(V_2 + \frac{T_1}{T_2}(K_w V_{s1} + V_1)) - V_3}{T_4} \qquad (4.12)$$

$$\dot{V}_s = \frac{V_3 + \frac{T_3}{T_4}(V_2 + \frac{T_1}{T_2}(K_w V_{s1} + V_1)) - V_s}{T_\varepsilon} \qquad (4.13)$$

La figure 4.10 résume la structure du système de contrôle du générateur :

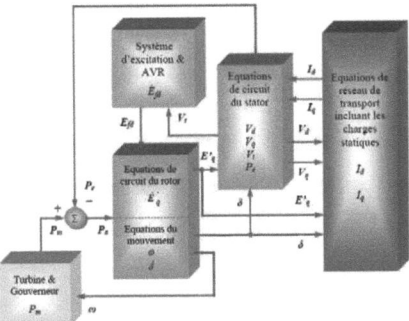

FIGURE 4.10 – Digramme de l'ensemble des blocs du système de puissance.

4.2.3 Etude de la stabilité angulaire aux petites perturbations

Dans un système électrique, on doit toujours assurer la présence de l'équilibre entre la demande et l'offre de l'électricité puisque ce dernier est conçu comme un produit non stockable. Néanmoins, le système peut être affecté par de petites perturbations provoquant des oscillations à faible amortissement dont la gamme de fréquence s'étend de 0.2 à 2 Hz. Pour cela, on se concerne des phénomènes électromécaniques qui impliquent essentiellement les enroulements amortisseurs ainsi que les champs et les inerties des rotors. Les dégâts causés par ces oscillations doivent être pris en considération. En fait, elles peuvent affecter la stabilisation d'un alternateur, d'une partie du système ou même de tout son ensemble. Ceci mène à la perte de synchronisme et à la ruine de tout le système. Admettant comme but le

Etude de stabilité d'une ferme éolienne connectée au réseau électrique

maintien du système électrique bien amorti, on s'intéresse généralement au signal supplémentaire injecté à l'entrée du régulateur de tension AVR par le stabilisateur de puissance PSS. Les oscillations électromécaniques associées aux rotors des générateurs sont additionnées par d'autres oscillations à faibles fréquences. Par suite, au cours de la transition de la puissance électrique dans le réseau, un phénomène d'échange de l'énergie mécanique cinétique entre les différents générateurs est établi. La figure 4.11 illustre les différentes classes des modes oscillatoires.

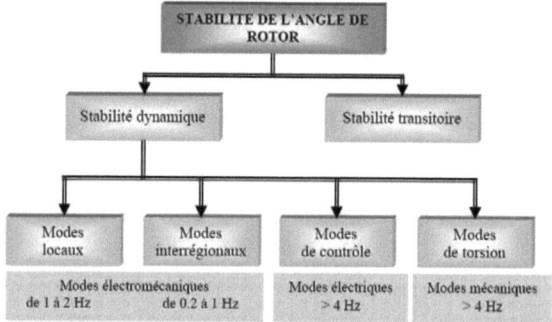

FIGURE 4.11 – Classification des différents types d'oscillations

Différents modes d'oscillations à faible fréquence se manifestent, à savoir [86] :

- Les oscillations des modes locaux Les oscillations des modes locaux sont les plus fréquentés dans les systèmes de puissance. Elles sont ajoutées aux oscillations entre un ou plusieurs générateurs d'une centrale électrique par rapport au reste du système d'alimentation. L'acte de localisation des oscillations dans une centrale unique ou bien une partie du système, explique la nomination locale. L'intervalle de fréquence qui définit ces oscillations se tend de 1 à 2 Hz. Généralement, il existe deux cas spécifiques où ces oscillations tendent à se créer : lorsqu'on utilise un régulateur de tension à réponse rapide, et si on admet un lien de transmission entre une centrale et ses charges très faible. On pourrait insérer une source d'amortissement, tel que le stabilisateur de puissance, dans les générateurs afin de garantir un bon amortissement de ces modes d'oscillations.

- Les oscillations des modes globaux Les oscillations des modes globaux sont des oscillations interrégionales dont la fréquence tend de 0.2 Hz à 1 Hz. Elles sont liées aux oscillations entre un certain nombre de divers générateurs spécifiques de deux parties différentes du système. L'existence de petites perturbations sur le système peut causer la divergence d'oscillations admettant un amortissement faible. D'une façon générale, lorsque l'impédance d'une ligne d'interconnexion ou la puissance transmise augmente, la fréquence et le facteur d'amortissement d'un mode interrégional diminuent. Afin de mettre en œuvre un bon amortissement des modes interrégionaux, et en tenant compte de la multiplicité des générateurs présents dans les modes globaux, on peut utiliser des stabilisateurs de puissance au niveau de chaque générateur.

Analyse du modèle linéaire

Pour tout système non linéaire, l'étude de stabilité est basée sur la linéarisation des équations différentielles du système de puissance. En effet, pour déduire l'emplacement optimal des régulateurs PSS et identifier les paramètres du reste des régulateurs, il est impératif de passer à l'analyse modale du système linéarisé basé sur les facteurs de participation et la méthode de résidus. Par conséquent, cette technique de réglage séquentiel donne généralement des résultats satisfaisants pour l'amortissement des oscillations. Le comportement d'un système dynamique peut être représenté par un ensemble des équations différentielles non linéaires de la forme suivante :

$\dot{x} = f(x, u) \; y = g(x, u)$

Avec :

$$\dot{x} = \begin{pmatrix} \dot{x}_1 \\ \dot{x}_2 \\ . \\ . \\ \dot{x}_n \end{pmatrix}, \; x = \begin{pmatrix} x_1 \\ x_2 \\ . \\ . \\ x_n \end{pmatrix}, \; y = \begin{pmatrix} y_1 \\ y_2 \\ . \\ . \\ y_r \end{pmatrix}, \; u = \begin{pmatrix} u_1 \\ u_2 \\ . \\ . \\ u_m \end{pmatrix}, \; f = \begin{pmatrix} f_1 \\ f_2 \\ . \\ . \\ f_n \end{pmatrix},$$

$$g = \begin{pmatrix} g_1 \\ g_2 \\ . \\ . \\ g_r \end{pmatrix}$$

n : Ordre du système ;

m : Nombre des entrées ;

x : Vecteur d'état du système de n variables ;

$\dot{x}$: Vecteur dérivé du vecteur x par rapport au temps ;

u : Vecteur de m signaux d'entrée du système ;

f : Vecteur de n fonctions non-linéaires reliant les variables d'état et les signaux d'entrée aux dérivées des variables d'état ;

r : Nombre des sorties ;

y : Vecteur de r signaux de sortie du système ;

g : Vecteur de r fonctions non-linéaires reliant les signaux d'entrée x_i et les variables d'état aux variables de sortie y_i ;

Linéarisation

Soit x_0 le vecteur d'état initial et le vecteur d'entrée u_0 correspondant au point d'équilibre. Alors, la procédure de linéarisation de l'équation est donnée par :

$$\Delta \dot{x} = A\Delta x + B\Delta u \qquad (4.14)$$

$$\Delta y = C\Delta x + D\Delta u \qquad (4.15)$$

Avec :
$$A = \begin{pmatrix} \frac{\partial f_1}{\partial x_1} & \cdots & \frac{\partial f_1}{\partial x_n} \\ \vdots & \ddots & \vdots \\ \frac{\partial f_n}{\partial x_1} & \cdots & \frac{\partial f_n}{\partial x_n} \end{pmatrix}, B = \begin{pmatrix} \frac{\partial f_1}{\partial u_1} & \cdots & \frac{\partial f_1}{\partial u_r} \\ \vdots & \ddots & \vdots \\ \frac{\partial f_n}{\partial u_1} & \cdots & \frac{\partial f_n}{\partial u_r} \end{pmatrix}, C = \begin{pmatrix} \frac{\partial g_1}{\partial x_1} & \cdots & \frac{\partial g_1}{\partial x_n} \\ \vdots & \ddots & \vdots \\ \frac{\partial g_m}{\partial x_1} & \cdots & \frac{\partial g_m}{\partial x_n} \end{pmatrix},$$

$$D = \begin{pmatrix} \frac{\partial g_1}{\partial u_1} & \cdots & \frac{\partial g_1}{\partial u_r} \\ \vdots & \ddots & \vdots \\ \frac{\partial g_m}{\partial u_1} & \cdots & \frac{\partial g_m}{\partial u_r} \end{pmatrix}$$

Où : Δx : Le vecteur d'état de dimension n ;

Δu : Le vecteur d'entrée de dimension m ;

Δy : Le vecteur de sortie de dimension r ;

A : la matrice d'état de taille $(n * n)$;

B : la matrice de contrôle de taille $(n * r)$;

C : la matrice de sortie de taille $(m * n)$;

D : la matrice qui définit la proposition d'entrée qui apparaît directement à la sortie, de taille $(m * r)$;

Analyse de valeurs propres

Afin d'étudier les propriétés dynamiques des systèmes, l'analyse des valeurs propres présente l'outil le plus efficace et peut fournir des informations sur le comportement du système. Pour s'assurer qu'un système est stable, il faut que toutes ces valeurs propres aient des parties réelles négatives. Les variables λ_i sont les solutions de l'équation caractéristique de la matrice d'état A définie par :

$$\det \lambda I - A = 0 \qquad (4.16)$$

Chaque valeur propre possède une partie réelle et une partie imaginaire, sous la forme : $\lambda = \sigma \pm j\omega$ La fréquence naturelle d'oscillation est donnée par la relation suivante :

$$f = \frac{\omega}{2\pi} \qquad (4.17)$$

Le facteur d'amortissement détermine la décroissance de l'amplitude d'oscillation. Il est donné par :

$$\zeta = \frac{-\sigma}{\sqrt{\sigma^2 + \omega^2}} \qquad (4.18)$$

Vecteurs propres

Un système de puissance peut être représenté par un modèle linéaire. Par conséquent, nous pouvons calculer les vecteurs propres à droite et à gauche associés à la matrice d'état du système par les équations suivantes :

$$A\varphi_i = \lambda_i \varphi_i \qquad (4.19)$$

$$\psi_i A = \lambda_i \psi_i \qquad (4.20)$$

Où : λ_i : ième valeur propre ; φ_i : ième vecteur propre à droite associé à λ_i Ψ_i : ième vecteur propre à gauche associé à λ_i Soit M : matrice d'état de dimension $n*n$, Soit φi : vecteur colonne de dimension $n*1$(vecteur propre à droite), montre l'influence relative de chaque variable d'état dans un mode excité donné

$$\varphi_i = \begin{pmatrix} \varphi_{1i} \\ . \\ . \\ \varphi_{ni} \end{pmatrix}$$

Soit Ψ_i : vecteur ligne de dimension $1*n$ (vecteur propre à gauche), détermine l'ensemble des variables d'état participant relativement à la composition de l'ième mode

$$\varphi_i = \begin{bmatrix} \psi_{1i} & \cdots & \psi_{ni} \end{bmatrix}$$

Ces vecteurs propres forment respectivement les matrices modales à droite et à gauche données comme suit :

$$\Phi_i = \begin{bmatrix} \Phi_1 & \cdots & \Phi_n \end{bmatrix}$$
$$\psi_i = \begin{bmatrix} \psi_1^T & \cdots & \psi_n^T \end{bmatrix}^T$$

Facteur de participation

La matrice p présente la matrice de participation : $P = \begin{bmatrix} p_1 & p_2 & \cdots & p_n \end{bmatrix}$
Avec :
$$P_1 = \begin{pmatrix} P_{1i} \\ P_{2i} \\ . \\ . \\ P_{ni} \end{pmatrix} = \begin{pmatrix} \phi_{1i}\psi_{1i} \\ \phi_{2i}\psi_{2i} \\ \vdots \\ \phi_{ni}\psi_{ni} \end{pmatrix}$$

Afin d'étudier la stabilité aux petites perturbations, les facteurs de participation permettent de déterminer l'influence d'une source d'amortissement appliquée à un générateur. En effet, cette étude nous facilite l'identification des variables participant à un mode oscillatoire donné. En se basant sur la présente matrice, comme le montre l'équation X, la jéme colonne indique comment un jéme mode participe relativement à l'évolution des variables d'état du système tandis que la iéme ligne indique comment les différents modes participent relativement à l'évolution de la iéme variable d'état.

Résidus

Pour étudier l'influence du signal d'entrée de stabilisation ou son emplacement optimal dans un système électrique multi machines, on peut utiliser la méthode des résidus. En effet, pour un système d'état suivant :

$$\Delta \dot{x} = A\Delta x + B\Delta u \tag{4.21}$$

$$\Delta y = A\Delta x \tag{4.22}$$

La fonction de transfert est sous la forme suivante :

$$G(s) = \frac{\Delta y(s)}{\Delta u(s)} = C(SI - A)^{-1}B \tag{4.23}$$

s : L'opérateur de Laplace. Pour un système en boucle ouverte, la fonction G(s) peut être décomposée en éléments simples comme suit :

$$G(s) = \frac{R_1}{s - p_1} + \frac{R_2}{s - p_2} + ... + \frac{R_n}{s - p_n} = \sum_{i=1}^{n} \frac{R_i}{sp_i} = \sum_{i=1}^{n} \frac{R_i}{s - \lambda_i} \tag{4.24}$$

Où R_i le résidu de G(s) au pôle donné par :

$$Ri = C\Phi_i \psi_i B \tag{4.25}$$

Emplacement optimal des PSSs

La détermination des meilleurs emplacements de PSS dans un réseau multi-sources est la première étape conventionnelle à mettre en œuvre. Il n'est pas toujours évident que le nombre de stabilisateurs à installer égal au nombre de générateurs. En effet, nous devons prendre en considération le choix de l'emplacement optimal des stabilisateurs qui offre un meilleur amortissement. Le choix de l'emplacement reste facile. Pour amortir le mode local, car le nombre de générateurs impliqués principalement dans les oscillations locales est très faible. En contrepartie, pour le mode global, un grand nombre de générateurs sont généralement associées aux oscillations. Par contre, un mauvais choix de localisation d'un PSS peut entraîner une amplification des oscillations, voire contribuer à la perte de stabilité du système. Par conséquent, le choix de l'emplacement des PSSs est très critique et il faut le traiter judicieusement. Lorsqu'on applique un PSS dans le système, il affectera tous les modes électromécaniques d'oscillations. Cette technique de stabilisation devrait être réglée pour fournir l'amortissement suffisant de tous les modes électromécaniques car l'amortissement de chaque mode est un effet cumulatif des contributions de chaque PSS. Dans ce contexte, l'ajustement des PSSs doit être d'une part robuste et d'autre part efficace non seulement lors de la variation des conditions de fonctionnement mais aussi lors du changement de la topologie du réseau. Depuis une dizaine d'années, le problème de localisation a fait l'objet d'un grand nombre de recherche dont les approches les plus efficaces proposées sont basées sur l'analyse modale du système linéarisé :

- le mode Shape
- les facteurs de participations
- les résidus

Pour déterminer les placements les plus efficaces des PSSs, nous pouvons utiliser les amplitudes des résidus associés aux modes dominants de la fonction de transfert du système en boucle ouverte.

Dimensionnement des PSSs dans un réseau électrique

En se basant sur la méthode des résidus, les paramètres des régulateurs PSSs sont identifiés de façon séquentiel. On commence tout d'abord par les résidus de la fonction de transfert du système en boucle ouverte. Puis, en utilisant les informations de ces résidus, un PSS est ajusté. Ensuite en se basant sur les informations des résidus du système avec le premier PSS mis en place, un second PSS est introduit et réglé. En adoptant la même technique de démarche jusqu'à ce que le système atteigne des caractéristiques de stabilité satisfaisantes. On considère H la fonction de transfert du PSS pour un système à une entrée/une sortie

$$H(s) = K_p \frac{sT_w}{1+sT_w}(\frac{1+T_1}{1+T_2})^p \qquad (4.26)$$

Avec T_ω : Constante du filtre passe-haut.

T_1 , T_2 sont les constantes de temps du contrôleur.

P : Nombre de blocs d'avance/ retard de phase (généralement $p = 2$).

K_p : Gain.

Le déplacement de ces valeurs propres peut être calculé par l'équation suivante :

$$\Delta \lambda_i = |\lambda_{i1} + \lambda_{i0}| \cdot R_i H(\lambda_i) \qquad (4.27)$$

Afin de dimensionner le régulateur par la méthode des résidus, notre démarche se décompose en trois étapes de dimensionnement :

- Le filtre "washout" en prenant généralement $T_\omega = 5s$.

- Le bloc avance/retard de phase : le déphasage total à fournir (φ_{com}) est calculé à partir du résidu du mode critique. L'angle de phase, nécessaire pour diriger la direction du résidu R_i de sorte que la valeur propre associée (λ_i) se déplace parallèlement à l'axe réelle, peut être calculé par l'équation suivante :

$$\varphi_{com} = 180 - arg(R_i) \tag{4.28}$$

Les constantes de temps T_1, T_2 peuvent être déterminées par :

$$T_1 = \alpha \cdot T_2 \tag{4.29}$$

$$T_2 = \frac{1}{\omega_i \cdot \alpha^{\frac{1}{2}}} \tag{4.30}$$

Avec ω_i : est la fréquence du mode λ_i en rad/sec

$$\alpha = \frac{1 - sin(\frac{\varphi_{com}}{p})}{1 + sin(\frac{\varphi_{com}}{p})} \tag{4.31}$$

K_p : présente le compensateur avance-retard En effet, toute variation de K_p les modes d'oscillation seront influencés. Soit H la fonction de transfert de PSS suivante :

$$H(s) = K_p H_f(s) \tag{4.32}$$

En conclusion, on déduit la valeur du gain comme suit :

$$K_p = |\frac{\lambda_{i1} - \lambda_{i0}}{R_i H_f(\lambda_i)}| \tag{4.33}$$

En observant les résultats obtenus on constate que tous les générateurs associés aux réseaux électriques n'ont pas besoin d'être équipés de PSSs puisqu'ils ne participent pas tous dans les modes électromécaniques les plus dominants. Donc, il est nécessaire de trouver les emplacements optimaux des PSSs nécessaires et déterminer leur nombre en utilisant des indications importantes fournis par le facteur de participations dont le but est de réaliser un meilleur amortissement par rapport à des critères donnés.

4.3 Etude de stabilité d'un réseau électrique

4.3.1 Importance des systèmes de régulation pour les réseaux électrique

De nos jours, l'attention des chercheurs a été concentrée sur la conception des contrôleurs non linéaires modernes pour les réseaux électriques, à savoir AVR, TG et PSS, permettant de réduire les effets des perturbations internes ou externes. Parmi les techniques proposées, la linéarisation de la rétroaction où les modèles non-linéaires est linéarisés par une boucle de rétroaction. Ces systèmes de régulation présentent les caractéristiques suivantes :

- Précision de commande

- Temps de réponse très faible (peut atteindre $400\mu s$ selon la gamme utilisé)
- Conformité aux normes internationales
- Surveillance à distance : Communication avec le système de puissance par le protocole Ethernet
- Fonctionnement sur un réseau de grande taille

Tout d'abord l'utilisation du régulateur AVR est très importante pour l'équilibre de la puissance réactive qui sera fournie où absorbée selon les besoins des charges. En outre, ces contrôleurs représentent un moyen très important pour assurer la stabilité transitoire du système de puissance. Il agit sur le courant d'excitation de l'alternateur pour régler le flux magnétique de la machine et ramener la tension de sortie de la machine aux valeurs souhaitées. Une caractéristique très importante d'un régulateur de tension est sa capacité à faire varier rapidement la tension d'excitation. Ensuite, le régulateur de fréquence TG qui a pour rôle de mesurer la vitesse de rotation de la turbine et d'ajuster en conséquence l'admission de la vapeur (pour le cas d'une turbine à vapeur par exemple), en agissant sur les vannes et les soupapes. Lors d'une perturbation sévère, le rôle du régulateur est aussi la limitation de vitesse afin d'empêcher un dépassement ou une diminution de 10% de la valeur nominale. Enfin, pour surmonter le problème des oscillations électromécaniques et améliorer l'amortissement du système, des signaux supplémentaires stabilisateurs sont introduits dans le système d'excitation via son régulateur de tension. Ces signaux stabilisateurs vont produire des couples en phase avec la variation de vitesse de générateur pour compenser le retard de phase introduit par le système d'excitation. Les stabilisateurs de puissance PSSs, grâce à leurs avantages en terme de coût économique et d'efficacité, sont les moyens habituels, non seulement pour éliminer les effets négatifs des régulateurs de tension, mais aussi pour amortir les oscillations électromécaniques et assurer la stabilité globale du système.

4.3.2 Présentation du logiciel PSAT

Power System Analysis Toolbox PSAT, utilisé dans notre travail, est un logiciel didactique développé sous Matlab /Simulink par docteur Federico Milano pour l'analyse des réseaux électriques. Le logiciel PSAT devient l'outil de simulation le plus utilisé par les chercheurs et les laboratoires des réseaux électriques, malgré la disponibilité de plusieurs logiciels spécialisés dans l'analyse et l'étude des réseaux électriques. En effet, ce soft reste un outil performant et très précis.

4.3.3 Description du réseau électrique à étudier

Introduction

Dans la dernière décennie, les systèmes de conversion d'énergie électrique sont principalement basés sur des sources primaires contrôlables telles que : les centrales thermiques utilisant les combustibles fossiles, les centrales thermonucléaires, les centrales hydro-électriques, ect. L'acheminement de l'électricité depuis les producteurs jusqu'aux usagers est assuré par les réseaux électriques. En fait, les réseaux électriques modernes sont caractérisés par son inter-connectivité. En effet, notre étude

Etude de stabilité d'une ferme éolienne connectée au réseau électrique

est basée sur un réseau de distribution, présenté par la figure 4.12, stable comprend 9 bus, relie trois centrales électriques au niveau de la première, la deuxième et le troisième nœud, distribuent la puissance aux différents consommateurs répartis sur trois grandes charges.

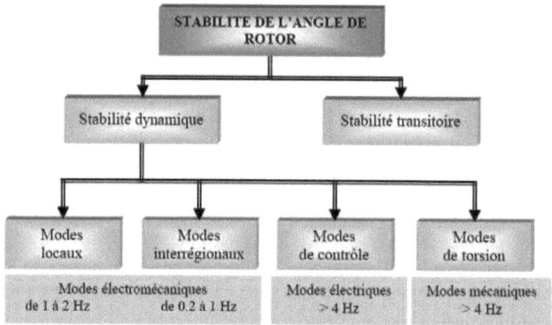

FIGURE 4.12 – Configuration du réseau a étudié

Résultats de simulation et interprétation

Etant donné que la génération de puissance électrique dépend principalement des machines synchrones. En effet, au synchronisme, les rotors de chaque machine synchrone du système tournent à la même vitesse électrique et les angles entre les champs magnétiques, rotoriques et statoriques, restent constants. En fonctionnement nominal équilibré, la puissance électrique fournie par le générateur aux charges est égale, en négligeant les pertes, à la puissance mécanique fournie par la turbine. En effet, la figure 4.13 présente l'allure de l'angle de charge δ des génératrices synchrones. En observant les résultats obtenus, on remarque que les courbes convergent vers sa limite de stabilité [87].

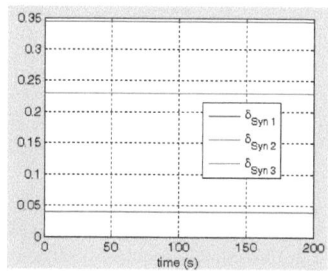

FIGURE 4.13 – Angles de charge

Etude de stabilité d'une ferme éolienne connectée au réseau électrique

La figure 4.14 présente l'allure de la fréquence aux niveaux des trois génératrices synchrones. En observant les résultats obtenus, on remarque que les courbes convergent vers sa limite de stabilité. En effet, le maintien de la fréquence est lié à l'équilibre global entre les puissances actives produites et consommées [79].

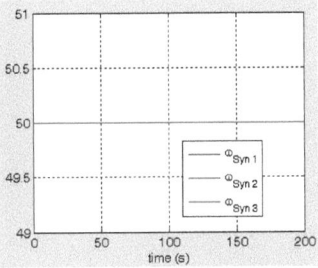

FIGURE 4.14 – Fréquence des trois génératrices

La figure 4.15 présente l'allure de tension des jeux de barres où les génératrices synchrones sont connectées. En observant les résultats obtenus, on remarque que les courbes convergent vers sa limite de stabilité. En effet, la stabilité de tension dépend donc de la capacité de maintenir / restaurer l'équilibre entre la demande de la charge et la fourniture de la puissance à la charge [87].

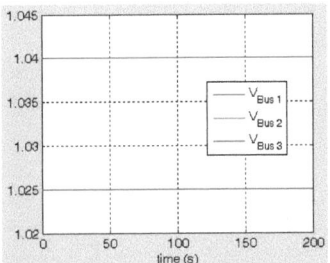

FIGURE 4.15 – Tension de jeu de barre

La figure 4.16 présente la répartition des pôles sur le plan complexe de notre système. Puisqu'il ne présente aucune valeur propre à partie réelle positive, ceci confirme la stabilité de notre système.

Tableau 4.1 – Valeurs propres avant l'intégration du parc éolien

Grandeur	Partie réelle	Partie imaginaire	Fréquence
delta_Syn_2, omega_Syn_2	-0,00008	-12,14475	1,93289248
omega_Syn_1, delta_Syn_1	-0,00006	-8,0054	1,274096
omega_m_Dfig_1	-2,76077	0	0
theta_p_Dfig_1	-1,00473	0	0
omega_Syn_3	-0,39065	0	0
vm_Exc_1	-1	0	0
vr1_Exc_1	-10	0	0
vr2_Exc_1	-16,66667	0	0
vf_Exc_1	-1,42943	0	0
vm_Exc_2	-1	0	0
vr1_Exc_2	-10	0	0
vr2_Exc_2	-16,66667	0	0
vf_Exc_2	-1,42943	0	0
vm_Exc_3	-1	0	0
vr1_Exc_3	-10	0	0
vr2_Exc_3	-16,66667	0	0
vf_Exc_3	-1,42943	0	0
tg1_Tg_1	-1	0	0
tg2_Tg_1	-2,22222	0	0
tg3_Tg_1	-0,02	0	0
vw_Wind_1	-0,25	0	0
idr_Dfig_1	-1	0	0
iqr_Dfig_1	-100	0	0

Etude de stabilité d'une ferme éolienne connectée au réseau électrique

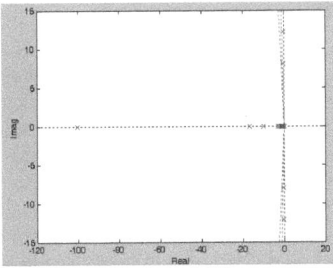

FIGURE 4.16 – Répartition des pôles sur le plan complexe

4.3.4 Etude de stabilité du réseau électrique lors de l'intégration d'un parc éolien

Configuration du réseau étudié

Vu l'importance de développement des énergies renouvelables, l'exploitation de l'énergie éolienne pouvant être une alternative ou un complément aux sources de production classique. Dans ce contexte, un parc éolien à base d'une génératrice asynchrone à double alimentation est intégré au niveau du troisième nœud présenté par la figure 4.17. Ce système de conversion d'énergie électrique est à vitesse variable vue le caractère aléatoire du vent. Par conséquent, toute variation du vent subit une variation de la vitesse mécanique qui présente un fonctionnement hypo-synchrone et hyper-synchrone au niveau de la génératrice selon la vitesse mécanique par rapport à la vitesse de synchronisme imposé par le réseau électrique.

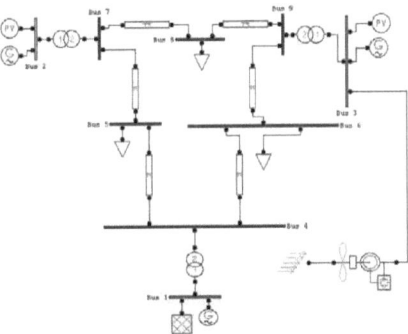

FIGURE 4.17 – Configuration du réseau électrique lors de l'intégration d'un parc éolien

Etude de stabilité d'une ferme éolienne connectée au réseau électrique

Résultats de simulations et interprétation

Suite à l'intégration du parc éolien au niveau du troisième nœud, l'étude de stabilité de ce réseau est présentée afin d'étudier les performances de la stabilité transitoire. La figure 4.18 présente des oscillations sur l'allure de l'angle de charge des génératrices synchrones suite à l'intégration du parc éolien. En effet, la puissance électrique de la machine varie rapidement, mais la variation de puissance mécanique fournie à la machine est relativement lente. En raison de cette différence de vitesse de réponse, un écart temporaire d'équilibre de puissance a lieu. Par conséquent, ce déséquilibre de puissance entraîne une variation des couples agissant sur le rotor. Ceci entraîne une accélération ou décélération du rotor selon le sens du déséquilibre, voire un glissement du champ de synchronisme en entraînant une perte de synchronisme du générateur avec le reste du système [87].

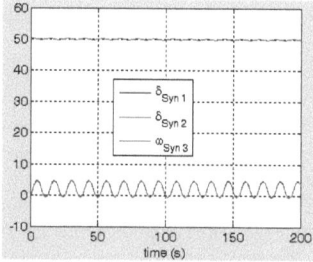

FIGURE 4.18 – Angles de charge

La figure 4.19 représente la fréquence aux niveaux des génératrices synchrone, on remarque de petites oscillations dues à l'intégration du parc éolien menu d'un déséquilibre entre les puissances produites et consommées.

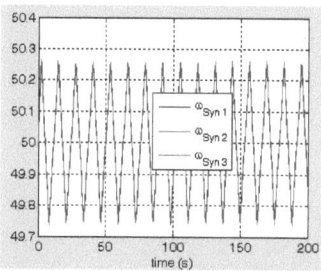

FIGURE 4.19 – Fréquence des trois génératrices

La figure 4.20 présente de petites oscillations au niveau de l'allure de tension des jeux de barres où les génératrices synchrones sont connectées. En effet, suite à l'intégration du parc éolien, certaines charges ont tendance à restaurer la puissance consommée avant perturbation. Cette puissance maximale disponible dépend non seulement des caractéristiques du réseau mais également de celles des générateurs (possibilité de maintenir la tension grâce à une réserve de puissance réactive suffisante). Par conséquent, si la puissance que les charges tendent à restaurer devient supérieure à la puissance maximale transmissible, le mécanisme de restauration des charges va contraindre le réseau haut tension en augmentant la puissance réactive consommée et en faisant donc baisser progressivement la tension du réseau [87].

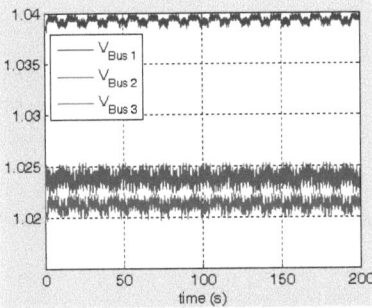

FIGURE 4.20 – Tension de jeu de barre

La figure 4.21 présente la répartition des pôles de notre système sur le plan complexe. On remarque que notre système comporte une seule valeur propre à réelle positive situé au niveau du troisième nœud ce qui confirme l'instabilité du réseau suite à l'intégration du parc éolien. En conclusion, l'étude de stabilité de ce réseau est présentée afin d'étudier les performances des régulateurs pour rétablir la stabilité du système [87].

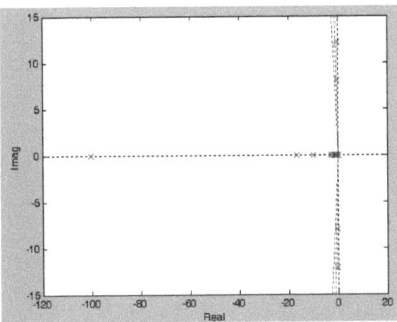

FIGURE 4.21 – Répartition des pôles sur le plan complexe

Tableau 4.2 – Valeurs propres après l'intégration du parc éolien

Grandeurs physique	Partie réelle	Partie imaginaire	Fréquence
delta_Syn_2, omega_Syn_2	-0,00008	12,14475	1,93289248
omega_Syn_1, delta_Syn_1	-0,00006	8,0054	1,274096
omega_m_Dfig_1	-2,76077	0	0
theta_p_Dfig_1	-1,00473	0	0
delta_Syn_3	0,39308	0	0
omega_Syn_3	-0,39065	0	0
vm_Exc_1	-1	0	0
vr1_Exc_1	-10	0	0
vr2_Exc_1	-16,66667	0	0
vf_Exc_1	-1,42943	0	0
vm_Exc_2	-1	0	0
vr1_Exc_2	-10	0	0
vr2_Exc_2	-16,66667	0	0
vf_Exc_2	-1,42943	0	0
vm_Exc_3	-1	0	0
vr1_Exc_3	-10	0	0
vr2_Exc_3	-16,66667	0	0
vf_Exc_3	-1,42943	0	0
tg1_Tg_1	-1	0	0
tg2_Tg_1	-2,22222	0	0
tg3_Tg_1	-0,02	0	0
vw_Wind_1	-0,25	0	0
idr_Dfig_1	-1	0	0
iqr_Dfig_1	-100	0	0

Etude de stabilité d'une ferme éolienne connectée au réseau électrique

Choix et ajustement des systèmes de régulation

Pour rétablir la stabilité de notre système, on a besoin d'intégrer des régulateurs au niveau des génératrices synchrone, à savoir AVR, TG et PSS si c'est nécessaire.

- Intégration du régulateur AVR :
  (a) Ajustement des paramètres de régulation : Pour rétablir la stabilité du réseau électrique suite à l'intégration du parc éolien, nous allons appliquer en premier lieu les régulateurs de tension (AVR) sur toutes les génératrices de notre système puisque les tensions aux niveaux du tous les jeux de bars ont subi des perturbations.

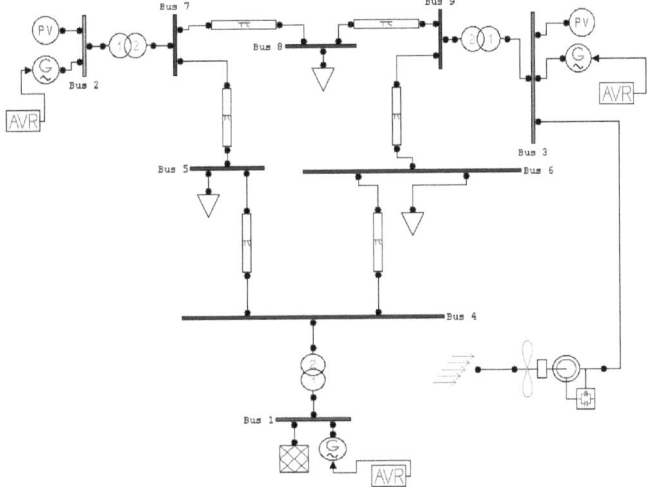

FIGURE 4.22 – Configuration du réseau à étudier

Le rôle du régulateur automatique de tension (AVR) du générateur synchrone, est de fournir une alimentation électrique stable avec un rendement élevé et une bonne réponse dynamique [79, 80]. Le schémas Bloc de notre système est composé par un amplificateur, un excitateur, une génératrice synchrone et un capteur [81, 82, 83].
- Modèle d'amplificateur :

L'amplificateur du système d'excitation peut être un amplificateur magnétique, un amplificateur rotatif ou amplificateur électronique. Il est modélisé par une simple fonction de transfert de premier ordre présentée par l'expression suivante :

$$\frac{V_R(s)}{V_e(s)} = \frac{K_A}{1 + \tau_A s} \qquad (4.34)$$

Etude de stabilité d'une ferme éolienne connectée au réseau électrique

- Modèle d'excitateur :

Il existe une grande variété de différents types d'excitateurs. La tension de sortie de l'excitateur est une fonction non linéaire de la tension de champ à cause des effets de saturation dans le circuit magnétique. Un modèle raisonnable d'un excitateur moderne est un modèle linéarisé. Dans la forme la plus simple, la fonction de transfert d'excitateur moderne peut être présentée par la fonction suivante :

$$\frac{V_F(s)}{V_R(s)} = \frac{K_E}{1 + \tau_E s} \qquad (4.35)$$

- Modèle de générateur :

La machine synchrone est la source principale de l'énergie électrique dans les systèmes de puissance. Dans le modèle linéarisé, la fonction de transfert relative à la tension aux bornes du générateur peut être représentée par un gain K_G et une constante de temps τ_G définit dans la fonction de transfert suivante :

$$\frac{V_t(s)}{V_F(s)} = \frac{K_G}{1 + \tau_G s} \qquad (4.36)$$

- Modèle de capteur :

La tension est détectée par un transformateur de potentiel. Le capteur est modélisé par une simple fonction de transfert de premier ordre donnée par l'expression suivante :

$$\frac{V_s(s)}{V_t(s)} = \frac{K_R}{1 + \tau_R s} \qquad (4.37)$$

Plusieurs recherches se focalisent sur la détermination des paramètres du régulateur AVR. On définit la fonction de transfert en boucle ouverte présentée par l'expression suivante [75, 76] : La figure 4.23 illustre le modèle schémas bloc du régulateur AVR :

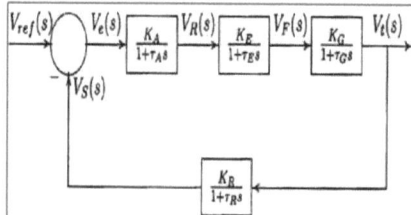

FIGURE 4.23 – Schéma bloc du régulateur AVR.

La fonction de transfert en boucle fermée présentée par l'expression suivante :

$$\frac{V_t(s)}{V_{ref}(s)} = \frac{\frac{K_A}{1+\tau_A s}\frac{K_E}{1+\tau_E s}\frac{K_G}{1+\tau_G s}}{1+\frac{K_A}{1+\tau_A s}\frac{K_E}{1+\tau_E s}\frac{K_G}{1+\tau_G s}\frac{K_R}{1+\tau_R s}} \quad (4.38)$$

$$KG(s)H(s) = \frac{K_A K_E K_G K_R}{(1+\tau_A s)(1+\tau_E s)(1+\tau_G s)(1+\tau_R s)} \quad (4.39)$$

En s'appuyant sur la méthode de Routh (Annexe C), on détermine les paramètres de notre régulateur présenté par l'équation caractéristique suivante :

$$1 + KG(s)H(s) = 1 + \frac{K_A K_E K_G K_R}{(1+\tau_A s)(1+\tau_E s)(1+\tau_G s)(1+\tau_R s)} = 0 \quad (4.40)$$

- Résultats de simulations et interprétation La figure 4.24 et la figure 4.25 présentent des oscillations au niveau des allures de l'angle de charge et la fréquence des génératrices synchrones. En effet, Le régulateur de tension agit sur le courant d'excitation de l'alternateur pour régler le flux magnétique de la machine et ramener la tension de sortie de la machine aux valeurs souhaitées.

La figure 4.26 présente une amélioration au niveau de l'allure de tension au niveau des jeux de barre où les génératrices synchrones connectés [87].

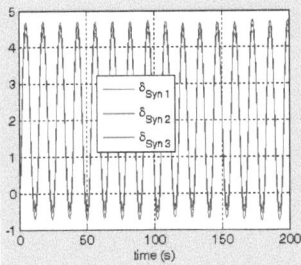

FIGURE 4.24 – Angles de charge

La figure 4.27 présente la répartition des pôles de notre système sur le plan complexe. On remarque que notre système comporte une seule valeur propre à réelle positive située au niveau du troisième nœud ce qui confirme l'instabilité du réseau malgré l'intégration du régulateur AVR. En effet, le couple ajouté par les régulateurs de tension AVR n'est pas assez suffisant pour agir auprès des oscillations dans le réseau. On peut dire donc que notre système reste instable malgré l'application du régulateur AVR. En définitive, l'intégration du régulateur TG est indispensable pour rétablir la stabilité de notre système [87].

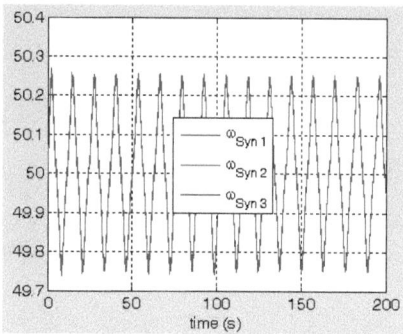

FIGURE 4.25 – Fréquence des trois génératrices

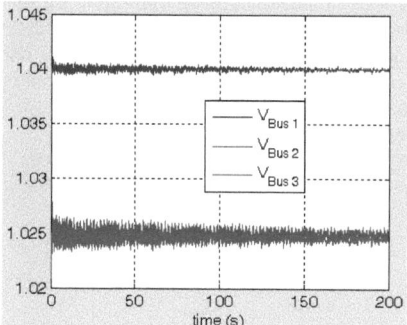

FIGURE 4.26 – Tension de jeu de barre

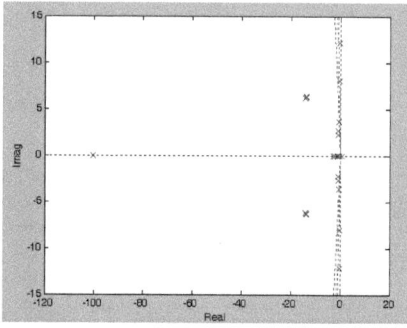

FIGURE 4.27 – Répartition des pôles sur le plan complexe

Tableau 4.3 – Valeurs propres après l'intégration du régulateur AVR

Grandeurs	Partie réelle	Partie imaginaire	Fréquence
omega_Syn_2, delta_Syn_2	-0,0033	12,15099	1,93388567
vr2_Exc_3, vr1_Exc_3	-13,912	6,20631	2,42449424
vr2_Exc_2, vr1_Exc_2	-13,67504	6,31644	2,397399
vr2_Exc_3, vr1_Exc_3	-13,73807	6,28668	2,4045349
omega_Syn_1, delta_Syn_1	-0,00987	7,98735	1,27122423
vm_Exc_3, vm_Exc_1	-0,6306	3,61006	0,58325731
omega_m_Dfig_1	-2,81568	0	0
delta_Syn_3	0,71879	0	0
vm_Exc_3, vf_Exc_3	-0,80912	2,68672	0,44657365
vm_Exc_2, vf_Exc_2	-0,8715	2,27985	0,38845547
theta_p_Dfig_1	-1,00165	0	0
omega_Syn_3	-0,70682	0	0
tg1_Tg_1	-1	0	0
tg2_Tg_1	-2,22222	0	0
tg3_Tg_1	-0,02	0	0
vw_Wind_1	-0,25	0	0
idr_Dfig_1	-1	0	0
iqr_Dfig_1	-100	0	0

- Intégration du régulateur TG :

    (a) Ajustement des paramètres de régulation Pour rétablir la stabilité du réseau électrique suite à l'intégration du parc éolien, nous allons appliquer en premier lieu les régulateurs de tension (AVR) sur toutes les génératrices. Malgré l'intégration du régulateur AVR, notre système reste instable. Par conséquent, on va appliquer à la génératrice $N3$ le régulateur TG dont le schémas bloc est présenté par la figure 4.28.
    Notre régulateur agit sur le servomoteur pour ouvrir ou fermer les vannes de contrôle afin de rectifier la vitesse du générateur. En effet, la turbine maintient la vitesse du rotor du générateur synchronisée avec la fréquence du système de puissance. On représente à partir de la figure 4.29 le modèle de la turbine à vapeur/gouverneur traité en simulation dynamique du modèle non-linéaire.

    (b) Résultats de simulations et interprétation L'application du régulateur TG est indispensable pour maintenir la stabilité du système. Il agit sur le servomoteur afin de rectifier la vitesse du générateur. La figure 4.30 présente l'allure de l'angle de charge des trois génératrices synchrones. En effet, la stabilité angulaire illustre la capacité du système de puissance de maintenir le synchronisme après avoir subi une perturbation suite à l'intégration du parc éolien. La réponse du système implique l'efficacité des régulateurs appliqués au niveau de notre système. Elle dépend de la relation non-linéaire couples- angles. Par conclusion, on remarque que les courbes convergent vers leurs limites de stabilité [87].

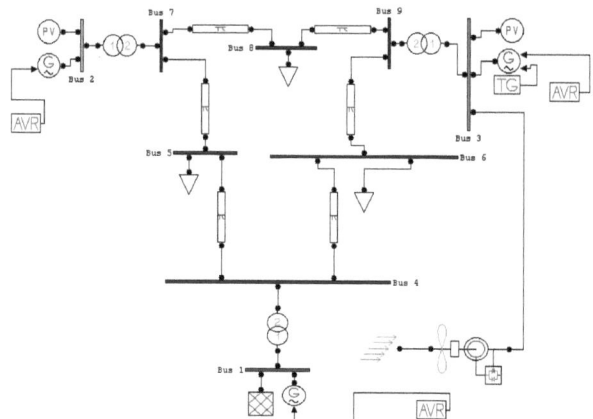

FIGURE 4.28 – Configuration du réseau à étudier

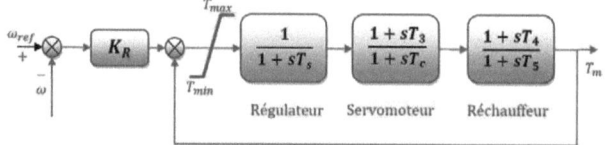

FIGURE 4.29 – Modèle de la turbine et du gouverneur

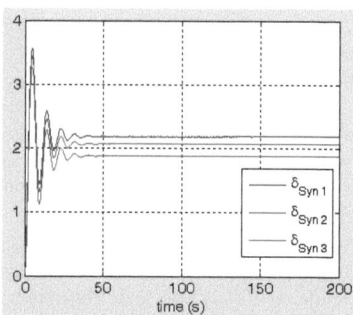

FIGURE 4.30 – Angle de charge

La figure 4.31 présente la fréquence au niveau des génératrices synchrone. En effet, la stabilité de la fréquence d'un système de puissance se définit par la capacité du système de maintenir sa fréquence proche de la valeur nominale suite à l'intégration du parc éolien. La réponse du système implique l'efficacité des régulateurs appliqués au niveau de notre système. Ainsi, on remarque que les courbes convergent vers sa limite de stabilité [87].

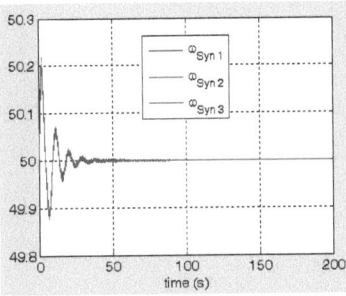

FIGURE 4.31 – Fréquence des trois génératrices

La figure 4.32 présente la tension au niveau des jeux de barres où les génératrices sont connectées. En effet, la stabilité de tension se rapporte à la capacité d'un système de puissance de maintenir des valeurs de tensions acceptables à tous les nœuds du système suite à l'intégration du parc éolien. Elle dépend donc de la capacité de maintenir l'équilibre entre la demande de la charge et la fourniture de la puissance à la charge. La réponse du système implique l'efficacité des régulateurs appliqués au niveau de notre système. En conclusion, on remarque que les courbes convergent vers sa limite de stabilité [87].

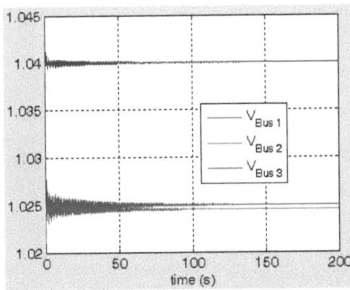

FIGURE 4.32 – Tension de jeu de barre

La figure 4.33 présente la répartition des pôles de notre système sur le plan complexe. Puisqu'il ne présente aucune valeur propre à partie réelle positive, ce qui confirme que notre système est stable.

Tableau 4.4 – Valeurs propres après l'intégration du régulateur TG et AVR

Grandeurs	Partie réelle	Partie imaginaire	Fréquence
omega_Syn_2, delta_Syn_2	-0,11873	-12,73744	2,02730987
vr2_Exc_3, vr1_Exc_3	-13,91151	-6,20637	2,42442692
vr2_Exc_2, vr1_Exc_2	-13,675	-6,31653	2,39739923
vr2_Exc_3, vr1_Exc_3	-13,73816	-6,28666	2,4045466
omega_Syn_1, delta_Syn_1	-0,03348	-8,08832	1,28730413
vm_Exc_3, vm_Exc_1	-0,62946	-3,6115	0,58345189
omega_m_Dfig_1	-2,8709	0	0
vm_Exc_3, vf_Exc_3	-0,80897	-2,6862	0,44648752
vm_Exc_2, vf_Exc_2	-0,8689	-2,2784	0,38809227
tg2_Tg_1, tg1_Tg_1	-1,33741	-0,8712	0,25403258
omega_Syn_3, delta_Syn_3	-0,13878	0,7032	0,11407621
delta_Syn_3, omega_Syn_3	-0,13878	-0,7032	0,11407621
theta_p_Dfig_1	-0,98559	0	0
tg3_Tg_1	-0,01991	0	0
vw_Wind_1	-0,25	0	0
idr_Dfig_1	-1	0	0
iqr_Dfig_1	-100	0	0

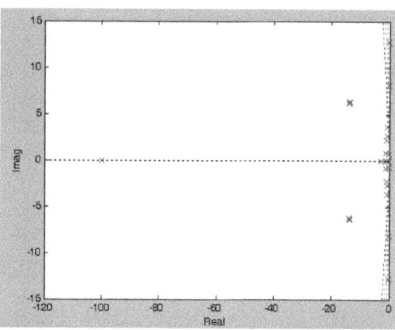

FIGURE 4.33 – Répartition des pôles sur le plan complexe

4.4 Conclusion

Au cours de ce chapitre, nous avons traité la stabilité d'un réseau électrique lors de l'intégration d'une ferme éolienne. En effet, des perturbations qui surviennent sur le réseau électrique influent sur la qualité d'énergie produite ainsi sur sa stabilité. L'objectif de notre travail est d'améliorer la stabilité du réseau par des régulateur AVR, TG et d'assurer l'amortissement maximum à l'aide des stabilisateurs de puissance (PSS) généralement utilisés pour l'amortissement des modes électro-mécaniques locaux. En effet, le recours des régulateurs AVR agissant sur le système d'excitation n'est pas suffisant, donc on a besoin d'intégrer le régulateurs TG capable de maintenir des meilleures performances dynamiques et de garantir la stabilité du système étudié. Les résultats de simulations obtenues sous l'environnement PSAT illustrent la performance du régulateur PSS pour maintenir la stabilité du réseau d'une part et améliorer la qualité d'énergie transité aux usagés d'autres part.

Références

[75] GHOURAF Djamel Eddine1 ,NACERI Abdellatif1 ,KABI Whiba1 and HORCH Abdessamed1, 'A robust AVR-PSS synthesis using genetic algorithms (Implementation under GUI/MATLAB'), International Conference on Control, Engineering and Information Technology (CEIT'14).

[76] Balwinder Singh Surjan, Ruchira Garg, 'Power System Stabilizer Controller Design for SMIB Stability Study', International Journal of Engineering and Advanced Technology (IJEAT).

[77] Zbigniew Lubośny, Janusz W. Białek, 'Analytical derivation of pss parameters for generator with static excitation system', the Engineering and Physical Sciences Research Council.

[78] Jafaru Usman, Mohd Wazir Mustafa, Garba Aliyu, 'Design of AVR and PSS for Power System stability based on Iteration Particle swarm Optimization', International Journal of Engineering and Innovative Technology (IJEIT).

[79] G.madasamy, C.s.ravichandran, 'Optimum PID parameter selection by particle swarm optimization in automatic voltage regulator system', Journal of Theoretical and Applied Information Technology.

[80] J. Faiz, Gh.Shahgholian, M.Arezoomand, 'Analysis and Simulation of the AVR System and Parameters Variation Effects', POWERENG 2007, April 12-14, 2007, Setubal, Portugal.

[81] Vivek Kumar Bhatt, Dr. Sandeep Bhongade, Design Of PID Controller In Automatic Voltage Regulator (AVR) System Using PSO Technique, International Journal of Engineering Research and Applications (IJERA), Vol. 3, Issue 4, Jul-Aug 2013, pp.1480-1485.

[82] G.Madasamy, C.S.Ravichandran, Optimal Tuning of PID controller by Bat Algorithm in an Automatic Voltage Regulator System, International Journal of Innovative Science, Engineering and Technology, Vol. 2 Issue 1, January 2015.

[83] M.W. Mustafa, Abdullah J. H. Al Gizi1 ,Malik A. Alsaedi, Adaptive PID Controller Based on Real Base Function Network Identification, and Genetic Algorithm in Automatic Voltage Regulator System, International Journal of Scientific

and Research Publications, Volume 2, Issue 11, November 2012.

[84] ABDULLAH J. H. AL GIZI, M.W. MUSTAFA, N. ZREEN, Radial-base-function, Genetic-Algorithm and fuzzy logic approach for real-time tuning of PID Controller in AVR System, Manufacturing Engineering, Automatic Control and Robotics.

[85] H. Gozde, M.C. Taplamacioglu, I. Kocaarslan, Application of artificial bees colony algorithm in an automatic voltage regulator (AVR) system, International Journal on "Technical and Physical Problems of Engineering".

[86] Hasan Alkhatib, Etude de la stabilité aux petites perturbations dans les grands réseaux électriques : optimisation de la régulation par une méthode meta-heuristique, These de doctorat en Génie Electrique, 5 décembre 2008.

[87] W. Ouled Amor, H. Ben Amar, Moez Ghariani, "Stability study of a grid integration of a wind farm", 16th International conference on Sciences and Techniques of Automatic control and computer engineering, STA'16.

[88] W. Ouled Amor, H. Ben Amar, Moez Ghariani, "Stability study under grid faults", 16th International conference on Sciences and Techniques of Automatic control and computer engineering, STA'16.

Conclusion générale

L'évolution technologique ainsi que les contraintes économiques et environnementales conduisent à développer d'autres sources d'énergie électrique d'origine renouvelable. Dans ce contexte, l'exploitation des systèmes de conversion d'énergie éolienne ont connu une forte croissance qui peut être un complément ou une alternative aux sources conventionnelles. Elle se présente comme la solution la plus prometteuse dans le domaine des énergies renouvelable. Mais aussi, elle se présente par son caractère aléatoire et intermittent, qui est souvent à l'origine des problèmes liés à la stabilité du réseau électrique. Le travail présenté se compose de quatre chapitres : Le premier chapitre porte sur le développement technologique des concepts fondamentaux des systèmes de conversion d'énergie éolienne ainsi que les différentes machines électriques utilisées surtout la génératrice asynchrone à double alimentation en grande puissance et à vitesse variable afin de montrer leurs avantages. Ensuite, une vision générale sur les problèmes requis au niveau du réseau électrique et les mesures nécessaires pour surmonter les perturbations rencontrées. Le deuxième chapitre porte sur la modélisation et la commande d'une chaine éolienne de grande puissance à base d'une génératrice asynchrone à double alimentation. Dans ce contexte, une modélisation analytique des différents constituants du système éolien à base de la MADA a été établie en adoptant le schéma bloc. L'extraction de maximum de puissance par la stratégie MPPT permet de fournir le maximum de la puissance active produite au réseau électrique grâce au fonctionnement à vitesse variable de la MADA. En effet, une comparaison entre la commande non linéaire illustrée par la commande par mode glissant du premier ordre et la commande par PI classique. Les résultats de simulation obtenus présentent la performance de la deuxième technique de commande non linéaire vue sa robustesse devant la variation de la vitesse de vent. Le troisième chapitre comporte deux parties. La première partie porte sur la supervision d'une ferme éolienne pour son intégration dans la gestion d'un réseau électrique. La gestion de système de puissance est assurée par la méthode de distribution de puissance active et réactive. En effet, un algorithme de supervision local et centralisé était développé a pour but de permettre le dispatching des puissances actives et réactives entre le stator de la machine et le convertisseur coté réseau lors du fonctionnement en trois modes de contrôle (MPPT, Delta et Défaut) du système éolien tout en respectant les limites de production. Par conséquent, cet algorithme attribue les références les plus élevées aux éoliennes ayant la plus grande capacité de production. La deuxième partie s'intéresse à l' l'étude technico-économique d'une ferme éolienne pour l'alimentation d'un village connecté au réseau électrique sous l'environnement de HOMER pro. Cette étude a pour but de nous offrir une solution optimale en tenant compte l'aspect énergétique, économique et environnemental des

Conclusion générale

systèmes analysés. L'étude de faisabilité du système sous HOMER pro a pour but de réduire le coût de conception et les temps de mise sur le marché et choisir l'architecture optimale la plus adéquate avec les conditions climatiques du site, pour que notre projet puisse voir le jour. Les simulations numériques présentées ont permis de montrer que le système de production est capable de nous satisfaire sous plusieurs contraintes. Notre choix est basé sur les résultats suivants :

- Un taux de participation de l'énergie de 79 % de l'énergie consommée par la charge
- Un coût unitaire de 0.036 euro par K W/H
- Un coût d'installation 6396316 euro
- Emission minime de gaz à effet de serre

Le quatrième chapitre porte sur l'étude de stabilité du réseau électrique lors de l'intégration d'une ferme éolienne. Le système étudié était modélisé par le logiciel PSAT développé sous Matlab/Simulink. Dans ce contexte, pour améliorer la capacité d'un système électrique à résister contre les incidents, on est sensé intégrer aux machines synchrones des régulateurs, à savoir AVR, TG et PSS. En effet, le régulateur de fréquence agit sur le servomoteur pour ouvrir ou fermer les vannes de contrôle afin de rectifier la vitesse du générateur. Par conséquent, la turbine maintient la vitesse du rotor du générateur synchronisée avec la fréquence du système de puissance. De même, les régulateurs de tension (AVR) contribuent à améliorer la stabilité en régime permanent, malgré qu'ils deviennent insuffisants pour les problèmes haussant de la stabilité transitoire. Comme perspective de ce travail :

- Une application expérimentale a pour but de valider les résultats de simulations obtenus.
- Un algorithme de commande coté réseau modifié pour le control d'une chaine éolienne connectée au réseau en défaut.
- Intégration de système de stockage pour la contribution au réglage de fréquence.
- Intégration d'un algorithme de réglage de fréquence et de tension.
- Une commande adaptative pour l'ajustement automatique des paramètres du stabilisateur PSS suite à chaque incident.

Oui, je veux morebooks!

I want morebooks!

Buy your books fast and straightforward online - at one of the world's fastest growing online book stores! Environmentally sound due to Print-on-Demand technologies.

Buy your books online at
www.get-morebooks.com

Achetez vos livres en ligne, vite et bien, sur l'une des librairies en ligne les plus performantes au monde!
En protégeant nos ressources et notre environnement grâce à l'impression à la demande.

La librairie en ligne pour acheter plus vite
www.morebooks.fr

SIA OmniScriptum Publishing
Brivibas gatve 1 97
LV-103 9 Riga, Latvia
Telefax: +371 68620455

info@omniscriptum.com
www.omniscriptum.com

Printed by Books on Demand GmbH, Norderstedt / Germany